Ilyes Ben Naceur

Modélisation du comportement des structures souples

Ilyes Ben Naceur

Modélisation du comportement des structures souples

Caractérisation et simulation numérique

Presses Académiques Francophones

Impressum / Mentions légales
Bibliografische Information der Deutschen Nationalbibliothek: Die Deutsche Nationalbibliothek verzeichnet diese Publikation in der Deutschen Nationalbibliografie; detaillierte bibliografische Daten sind im Internet über http://dnb.d-nb.de abrufbar.
Alle in diesem Buch genannten Marken und Produktnamen unterliegen warenzeichen-, marken- oder patentrechtlichem Schutz bzw. sind Warenzeichen oder eingetragene Warenzeichen der jeweiligen Inhaber. Die Wiedergabe von Marken, Produktnamen, Gebrauchsnamen, Handelsnamen, Warenbezeichnungen u.s.w. in diesem Werk berechtigt auch ohne besondere Kennzeichnung nicht zu der Annahme, dass solche Namen im Sinne der Warenzeichen- und Markenschutzgesetzgebung als frei zu betrachten wären und daher von jedermann benutzt werden dürften.

Information bibliographique publiée par la Deutsche Nationalbibliothek: La Deutsche Nationalbibliothek inscrit cette publication à la Deutsche Nationalbibliografie; des données bibliographiques détaillées sont disponibles sur internet à l'adresse http://dnb.d-nb.de.
Toutes marques et noms de produits mentionnés dans ce livre demeurent sous la protection des marques, des marques déposées et des brevets, et sont des marques ou des marques déposées de leurs détenteurs respectifs. L'utilisation des marques, noms de produits, noms communs, noms commerciaux, descriptions de produits, etc, même sans qu'ils soient mentionnés de façon particulière dans ce livre ne signifie en aucune façon que ces noms peuvent être utilisés sans restriction à l'égard de la législation pour la protection des marques et des marques déposées et pourraient donc être utilisés par quiconque.

Coverbild / Photo de couverture: www.ingimage.com

Verlag / Editeur:
Presses Académiques Francophones
ist ein Imprint der / est une marque déposée de
OmniScriptum GmbH & Co. KG
Heinrich-Böcking-Str. 6-8, 66121 Saarbrücken, Deutschland / Allemagne
Email: info@presses-academiques.com

Herstellung: siehe letzte Seite /
Impression: voir la dernière page
ISBN: 978-3-8381-4939-4

Zugl. / Agréé par: Troyes, Université de Technologie de Troyes, 2006

Table des matières

3

Introduction générale

Actuellement les principaux secteurs industriels intéressés par la problématique de la capacité de déformation en 3D des matériaux textiles sont la lingerie et l'automobile. Pour la lingerie, les fabricants de soutien-gorge développent de plus en plus des bonnets moulés pour réduire le processus de confection. Le processus de moulage sollicite la matière thermiquement, mécaniquement par des actions de traction dans la surface et selon une direction perpendiculaire à la surface avec contact entre le matériau et les moules. L'automobile est concernée aussi par des problèmes du même type (thermoformage) avec comme contrainte supplémentaire les complexes multicouches incluant une couche de mousse polyuréthane. Ses matériaux non homogène et non isotrope présentent des difficultés au niveau de la modélisation du comportement thermomécanique. L'utilisation de plus en plus fréquente de ce type de structures a nécessité des recherches très approfondies sur les matériaux constitutifs de ces renforts et sur l'organisation spatiale définissant leur armure géométrique. La connaissance accrue du comportement mécanique de ces renforts et de leur modélisation a permis d'envisager des applications très différentes au cours du temps.

Pour les matériaux textiles souples, l'obtention d'objets de forme complexe repose traditionnellement sur les capacités de déformation du matériau initial associé à l'assemblage par couture d'éléments découpés selon un gabarit plan. Les propriétés mécaniques sont de ce fait résultantes des caractéristiques intrinsèques des matériaux initiaux et du mode d'assemblage. La présence des coutures, introduit des ruptures de

5

continuité dans la structure pénalisant les propriétés physiques, l'esthétique et le confort lorsqu'il s'agit d'éléments vestimentaires (cas du soutien gorge par exemple). L'intérêt de concevoir directement le produit ou l'élément de produit en une seule pièce tridimensionnelle à partir d'une surface souple, plane et déformable revêt le plus grand intérêt tant du point de vue technique qu'économique. Cette conception 3D nécessite une approche scientifique du comportement des matériaux en terme de déformabilité et de capacité à la déformation, de mémoire de forme et de connaissance de la réaction à la déformation, etc.

L'approche mécanique pour la modélisation du comportement tridimensionnelle est réalisée principalement par des moyens traditionnels de type dynamométrie monoaxiale. Les tests spécifiques (pochage, éclatométrie) ne permettent qu'une approche simple et insuffisante pour une évaluation des performances en rapport avec les nouvelles attentes. De ce fait, il est nécessaire d'agrandir la base de données expérimentale par d'autres tests mécaniques pour avoir plus de précision au niveau de la modélisation.

Le domaine de l'habillement et des textiles techniques a largement bénéficié ces dix dernières années des investigations et efforts de recherche issus de secteurs technologiquement plus avancés. Par ailleurs la nécessité d'innovation permanente qui caractérise nos industries a permis de concevoir puis de réaliser des produits semi-techniques dont les caractéristiques sont de plus en plus sophistiquées.

Les étoffes techniques qui concernent cette recherche en font partie. La nécessité d'amélioration des procédés de fabrication, de la recherche d'outils de conception et de l'accroissement des performances techniques a conduit les laboratoires à se préoccuper de l'analyse comportementale de ces matériaux.

Les travaux présentés dans cette thèse portent principalement sur la compréhension du comportement mécanique d'étoffes techniques lors de la phase de mise en œuvre par thermoformage afin d'optimiser le processus industriel et la qualité du produit fini. Ces travaux aboutissent à la mise en place d'un outil de simulation numérique prédictif du comportement de ces étoffes lors de leur mise en forme.

Les aspects physiques liés à la mise en température sont pris en compte afin d'être capable de déterminer les paramètres techniques de fabrication permettant d'éviter des phénomènes de rupture prématurées ou de dégradation des constituants de l'étoffe et d'obtenir les formes définitives requises. Des critères industriels, de type qualité du toucher, sont analysés.

Dans ce cadre plusieurs études expérimentales et numériques sont faites pour la caractérisation et la modélisation du comportement des ces étoffes souples. En effet lors de la mise en forme des étoffes tel que le cas du thermoformage ou de l'emboutissage, on est souvent confronté à plusieurs problématiques mécaniques et physiques.

L'aspect anisotrope de la structure des étoffes est pris en compte. Cette anisotropie est due à la fois à la nature du textile (tissé ou tricoté) et de son armure (sergé, taffetas, satin pour les tissus et tricotées à maille cueillies ou jetées) mais aussi à la composition des étoffes par différents types de matériau, par exemple, on peut trouver dans une étoffe du polyamide, du polyester, de l'élasthanne, etc. D'autres caractéristiques telles que le titrage des fils, la densité et la taille des mailles sont des paramètres qui jouent un rôle très important dans la capacité des étoffes aux grandes déformations.

Ce rapport se compose de cinq chapitres. Le premier chapitre présente une étude de l'état de l'art avec une présentation des différentes approches de modélisation du comportement mécanique des structures tricotées et tissées complétée par une présentation sur les études expérimentales effectuées sur la caractérisation des structures souples.

Dans le deuxième chapitre une approche expérimentale permet de caractériser dans un premier temps le comportement thermique de l'étoffe sous sollicitation mécanique puis dans un deuxième temps la caractérisation du comportement mécanique avec des essais de traction standard uni-axiale et biaxiale. Dans cette étude expérimentale on étudie différents types de matériaux et de liages.

Le troisième chapitre présente la modélisation du comportement mécanique des étoffes à deux niveaux d'échelle. Dans ce cadre deux approches sont présentées. La première est basée sur un modèle macroscopique à l'échelle de la structure et l'identification se fait sur la base d'essais de traction uni-axiale. La deuxième approche se base sur un modèle microscopique à l'échelle de la fibre, ce modèle tient compte de l'interaction entre les fibres et il sera identifié sur des essais de traction biaxiale.

Le chapitre quatre traite la modélisation numérique de l'équilibre des étoffes. De même une procédure de remaillage adaptatif est présentée pour le développement des applications de mise en forme.

Le cinquième chapitre sera consacré à la validation des modèles de comportement et la procédure de maillage adaptatif sur des applications de mise en forme avec différentes formes d'outils. Enfin, une conclusion générale sur les travaux effectués ainsi que les perspectives de ce travail à court et à long terme sont données.

Chapitre I
Etat de l'art et mise en œuvre

Les textiles techniques occupent de plus en plus une place prépondérante dans notre vie quotidienne et dans plusieurs domaines industriels. Cette présence s'explique par le coté esthétique qu'offre les étoffes à une personne ou à un objet. La malléabilité des structures textiles qui peuvent épouser des formes géométriques complexes constitue un autre atout pour les étoffes. De nos jours, on constate que les étoffes sont de plus en plus utilisées, on les trouve dans l'industrie du packaging où elles donnent une vue esthétique pour des objets tels que les bouteilles de parfum par exemple. On les trouve également dans les habitacles des voitures ou elles sont utilisées pour embellir les toits et les faces intérieures des portes. Les textiles techniques sont de même fréquemment utilisés dans l'aérospatiale, la carrosserie automobile où elles constituent des renforts pour les matériaux composites. Cette forte utilisation des étoffes a incité les chercheurs à investir dans ce domaine afin d'automatiser les phases de fabrication et de mise en forme des étoffes et ainsi améliorer la productivité.

Des outils développés tels que la conception assistée par ordinateur CAO peuvent améliorer les phases de fabrication de produit textile. Ce type d'outil permet de concevoir des étoffes avec différents types de maille puis la géométrie sera transférée vers la machine par l'intermédiaire d'un codage numérique pour qu'elle soit tricotée. De même ces outils ont la capacité de fabriquer des produits finis sans avoir recours à une procédure d'assemblage et ceci juste par codage numérique sur la machine de tricotage. Comme exemple on peut citer la fabrication des chaussettes. Par conséquent, le textile d'aujourd'hui ainsi que les usines sont assez différentes de celles du passé. L'intégration des principales fonctions effectuées dans le cycle de vie d'un produit en textile à savoir la conception du produit, la planification et programmation de la production, la fabrication, la distribution du produit dans une seule entité permet de développer et automatiser les entreprises. L'automatisation des procédés est une manière pour réduire le temps de fabrication, améliorer la qualité et augmenter la productivité. Cette tendance vers l'automatisation dans la fabrication de textile et de l'habillement semble être inévitable mais aussi avantageuse.

Cependant, beaucoup de problèmes empêchent l'automatisation et l'intégration des processus pour l'industrie du textile et de l'habillement. Par exemple l'automatisation du procédé d'emboutissage à savoir la fixation automatique des paramètres temps et température de maintien de l'étoffe pour la mise en forme, permet de gagner un temps considérable au niveau de production et évite de passer par des essais pour chaque nouveau type d'étoffe. Cette automatisation est difficilement réalisable à cause de la variation du comportement des étoffes qui dépend de plusieurs paramètres de tissage et paramètres physiques. Pour ce faire, des outils de modélisation sont nécessaires pour contrôler les dispositifs de fabrication considérablement flexibles pour tenir compte des paramètres de l'étoffe. Ces outils doivent être capables de prédire le comportement thermomécanique des étoffes à partir de leurs caractéristiques définies durant la phase de fabrication. Il est donc nécessaire d'intégrer des modèles de comportement mécaniques ou géométriques dans ces outils afin qu'ils puissent prédirent le comportement de l'étoffe au cours de la fabrication. La caractérisation des étoffes est donc primordiale pour établir les lois de comportement et les intégrer par la suite dans une base de données dans le but d'optimiser le procédé de fabrication et améliorer la productivité.

I. Caractéristiques générales des étoffes

Les matériaux textiles se distinguent par rapport aux autres matériaux conventionnels tels que les métaux, ils sont généralement non homogènes du fait de l'utilisation de différents matériaux, fortement anisotropes et présentent un milieu discontinu en raison de la forme et la densité des mailles. Ces matériaux peuvent avoir une large capacité de déformation même sous un faible chargement et ceci dépend de la structure des mailles. En effet, on peut avoir une structure avec une grande aptitude à la déformation tel que le jersey comme on peut trouver d'autre structures moins déformables tel que le taffetas dans la catégorie des tissés et le simplex dans la catégorie des tricots. De même, cette aptitude à la déformation varie en fonction de la direction de chargement, dans un jersey la direction colonne se déforme moins que la direction rangée et on trouve la même aptitude de déformation dans un taffetas homogène et équilibré.

Les textiles sont essentiellement des compositions de fils ou de fibres, produits avec diverses techniques. Les fibres représentent la matière première pour la fabrication des fils. Selon l'usage auquel le produit final est destiné, il peut s'agir de fibres végétales, de poils d'animaux, de laine. Ce domaine de fabrication de fibres n'a cessé de se développer au cours des 25 dernières années du 19ème siècle et on trouve de nos jours des fibres synthétiques fabriquées à partir des matières premières les plus diverses [Nocent 01].

Les fibres naturelles qui sont allongées dans un sens et qui ont une petite section sont exploitées pour leur résistance mécanique dans le sens de la longueur. Cette propriété vient de la cellulose qui est un polymère naturel du glucose. Au niveau des fibres, on trouve les polymères synthétiques qui ont également conquis ce domaine. Par exemple on trouve le nylon (un polyamide) qui est l'un des premiers polymères synthétiques. Par rapport aux dimensions des fils, le diamètre des fibres est très petit. Il peut varier entre 10 à 50 µm, et on peut avoir des diamètres moins de 10 µm dans le cas des microfibres.

Plusieurs techniques existent pour la fabrication des étoffes. On peut citer la technique de tissage qui est la première à être développée, la technique de tricotage qui est plus récente et la technique de fabrication du non-tissé. En général les fibres sont soit trop fines ou trop courtes pour subir directement une transformation pour fabriquer une étoffe avec les deux premières techniques. Il faut alors passer par la fabrication de fils puis par une technique de tissage ou de tricotage. Pour la troisième technique, qui n'est pas traitée dans cette étude, on utilise les fibres comme matière première et on ne trouve aucun entrelacement entre les fils.

I.1. Technique de tissage

La technique de tissage permet de constituer une nappe résultant de l'entrecroisement à angle droit des fils. Les fils positionnés dans le sens des lisières (longueur du tissu) forment les chaînes, les fils dans la direction orthogonale (largeur du tissu) forment les trames. Le mode d'entrecroisement des fils de chaîne et des fils de trame constitue l'armure. Les armures sont différenciées par le nombre variable des fils de trame et des fils de chaîne qui se croisent. On distingue 3 grandes catégories d'armure : les toiles ou taffetas, les sergés et les satins (Figure I-1).

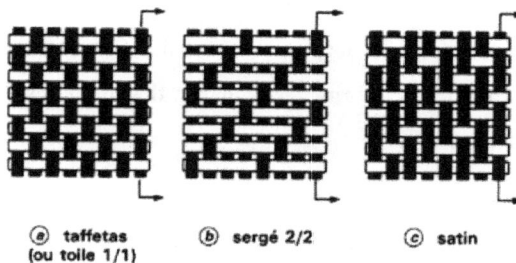

ⓐ taffetas
(ou toile 1/1)　　ⓑ sergé 2/2　　ⓒ satin

Figure I-1 : Différents types d'armures des tissus

Dans une étoffe, on peut avoir des fils de nature différente dans ses deux directions principales. Par exemple, on peut avoir du polyamide dans la direction chaîne et du polyamide guipé d'élasthanne dans la direction des trames. En plus de l'armure, ce déséquilibre au niveau de la composition entraîne l'anisotropie du comportement de l'étoffe et la non homogénéité de la déformation. Ainsi on trouve, lors d'un essai de

12

traction par exemple, deux comportements différents dans la direction chaîne et trame **[Cherouat 94]** et **[Ruan 96]**.

I.2. Technique de tricotage

La technique de tricotage consiste à entrelacer avec un ou plusieurs fils des boucles appelées mailles qui sont imbriquées les unes dans les autres. De façon similaire au tissage avec la notion chaînes et trames, on trouve dans les tricots la notion de rangées et de colonnes. Une rangée est une série de mailles placées côte à côte, et une colonne représente une série de mailles imbriquées les unes au dessus des autres. Contrairement aux structures tissées, l'entrelacement des fils dans une étoffe tricotée est curviligne et nécessite de ce fait des fils assez souples pour la formation des mailles.

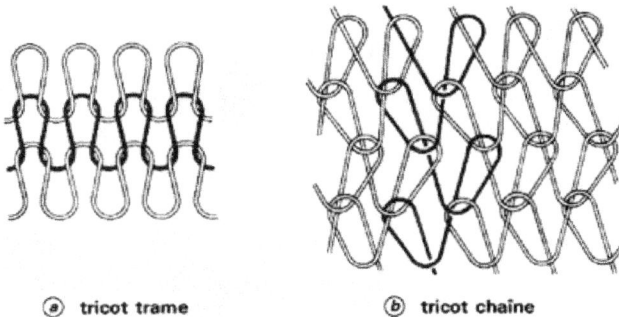

ⓐ **tricot trame**　　　　ⓑ **tricot chaîne**

Figure I-2 : Différents modes de tricotage [Zheng 00]

Dans les étoffes tricotées on trouve deux types de maille :

● Les mailles cueillies qui ont une faible résistance surtout dans la direction des rangées. Dans ce type de tricotage, un seul fil permet la réalisation de toutes les mailles d'une même rangée (Figure I-2.a).

● Les mailles jetées qui sont plus rigides. Cette rigidité vient du fait que les mailles sont formées par plusieurs fils (Figure I-2.b).

La structure de l'étoffe est l'un des paramètres qui influencent la rigidité. De même la rigidité des étoffes peut être influencée aussi par l'ajout d'une charge qui consiste à alourdir les fils ou l'étoffe ou aussi par l'augmentation de la densité de maille. En comparant différents types d'étoffes, on trouve que les tricots sont beaucoup plus souples et ont plus d'aptitude à la déformation par rapport aux étoffes tissées. Mais il y a des exceptions pour quelques tricots à mailles jetées. L'étoffe obtenue par tricotage conserve une grande aptitude à la déformation par simple déplacement de maille. Cette propriété est largement exploitée dans les procédés de mise en forme mais elle n'est pas toujours présente dans les étoffes tricotées.

II. Etude du comportement des étoffes

Le comportement des étoffes peut être modélisé de plusieurs méthodes. On peut l'étudier par la méthode thermique où on prend en considération l'effet de la température sur la structure, la qualité et le "toucher" de l'étoffe. On peut aussi l'étudier par la méthode mécanique en tenant compte de l'effet d'un chargement mécanique sur une étoffe que ce soit en deux dimensions, tel que le cas d'un chargement en traction ou cisaillement, ou en trois dimensions tel que le cas de la mise en forme. Ces deux méthodes permettent d'avoir une idée sur les caractéristiques mécaniques et thermiques d'une étoffe pour prédire le comportement d'une structure sous sollicitation complexe.

En général, pour les matériaux conventionnels tels que les métaux ou alliages, les petites déformations engendrent des contraintes qui sont liées linéairement à ces dernières. Contrairement à ce résultat, la courbe contrainte déformation est non linéaire pour les petites déformations et elle devient linéaire à partir d'une valeur de contrainte critique. Cette contrainte critique varie en fonction du mode de déformation. En effet, elle est assez grande pour un chargement en traction et plus faible pour un chargement en flexion ou en cisaillement **[Cherouat 94]**. Ce comportement peut être le résultat de la discontinuité de l'étoffe, de la discontinuité entre les mailles ou des ondulations formées par l'entrecroisement des fils. A faible chargement on distingue une déformation des mailles avec un redressement des fils ce qui engendre une faible contrainte. Durant le chargement la friction entre les fibres augmente et peut constituer une source de non linéarité jusqu'à ce que les fils deviennent orientés et soumis au chargement. A partir de ce moment la courbe contrainte-déformation prend une allure linéaire.

II.1. Propriétés mécaniques et géométriques des étoffes

La mesure des propriétés mécaniques et géométriques des étoffes représente un des outils de prédiction de la qualité du produit fini. Peirce en 1920 et 1930 **[Hu 00]** ont essayé de développer une théorie du comportement mécanique des étoffes à partir d'une structure en équilibre. Ses travaux ont été développés par la suite par d'autres chercheurs pour définir les différentes propriétés de traction, de cisaillement, de flexion et de compression **[Saville 99]**. Deux systèmes de mesure sont utilisés pour déterminer les propriétés mécaniques des étoffes. Le premier système est le système KES (Kawabata Evaluation System), développé par Sueo Kawabata **[Kawabata 73]** avec lequel on peut mesurer les propriétés de traction, de cisaillement, de flexion, de compression et les caractéristiques de la surface (profil de la surface et le coefficient de frottement). Le profil de la surface peut être déterminé par l'intermédiaire d'un contacteur de rugosité, il est formée de barres d'environ 0.5 mm de diamètre qui permettent d'enregistrer le profil de la surface de l'étoffe (Figure I-3).

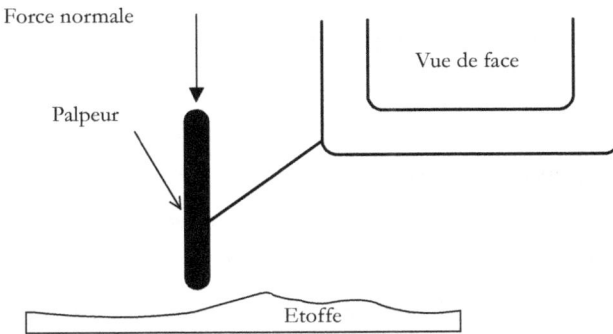

Figure I-3 : Procédure de mesure du profil de surface [Saville 99]

La mesure du coefficient de friction pour une étoffe consiste à faire tirer un bloc en acier de masse **m** sur une surface rigide qui est couverte par l'étoffe à tester. Pour la translation, le bloc en acier est lié à une cellule de chargement moyennant un fil qui

15

passe autour d'une poulie en rotation sans frottement (Figure I-4). Ce dispositif permet alors la mesure de la force à partir de laquelle la masse **m** commence à translater. Ce coefficient de frottement et déduit par la formule suivante :

$$\mu = \frac{F}{mg} \qquad (1.1)$$

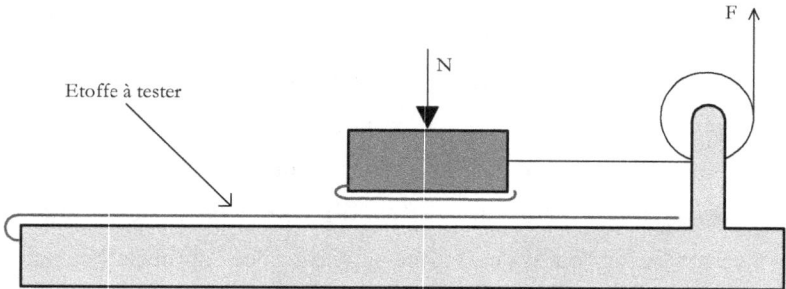

Figure I-4 : Dispositif de mesure du coefficient de friction [Saville 99]

L'autre méthode permettant de mesurer le coefficient de frottement est la méthode du plan incliné. Pour ces deux méthodes, il est nécessaire de mentionner que le coefficient mesuré dépend de l'étoffe à tester et également du matériau du bloc en acier. Pour remédier à cette dépendance on couvre le bloc par le même type d'étoffe.

Le deuxième système appelé FAST permet de mesurer, en plus des propriétés de traction, la stabilité dimensionnelle des étoffes. Le test de stabilité permet de présenter l'évolution des dimensions en fonction des conditions environnementales telles que la température et l'humidité. Afin de mesurer la stabilité dimensionnelle, l'étoffe est séchée dans un four à 105 °C et mesurée dans les directions chaîne et trame pour donner la longueur L_1. Après l'étoffe est imbibée dans l'eau et mesurée à l'état humide pour donner la longueur détendue humide L_2. Et enfin, elle est remise dans le four pour séchage puis mesurée par la suite pour donner la longueur L_3. Les paramètres de la stabilité dimensionnelle seront alors calculés à partir de ces mesures dans les directions chaîne et trame **[Saville 99]**. On calcule finalement le rétrécissement de relaxation qui représente un changement irréversible dans les dimensions de l'étoffe. Ceci apparait lors de l'exposition de l'étoffe à la vapeur ou lorsque elle est totalement mouillée. Ce premier paramètre est donné par formule suivante :

La mesure des propriétés mécaniques et géométriques des étoffes représente un des outils de prédiction de la qualité du produit fini. Peirce en 1920 et 1930 **[Hu 00]** a essayé de développer une théorie du comportement mécanique des étoffes à partir d'une structure en équilibre. Ses travaux ont été développés par la suite par d'autres chercheurs pour définir les différentes propriétés de traction, de cisaillement, de flexion et de compression **[Saville 99]**. Deux systèmes de mesure sont utilisés pour déterminer les propriétés mécaniques des étoffes. Le premier système est le système KES (Kawabata Evaluation System), développé par Sueo Kawabata **[Kawabata 73]** avec lequel on peut mesurer les propriétés de traction, de cisaillement, de flexion, de compression et les caractéristiques de la surface (profil de la surface et le coefficient de frottement). Le profil de la surface peut être déterminé par l'intermédiaire d'un contacteur de rugosité, il est formée de barres d'environ 0.5 mm de diamètre qui permettent d'enregistrer le profil de la surface de l'étoffe (Figure I-3).

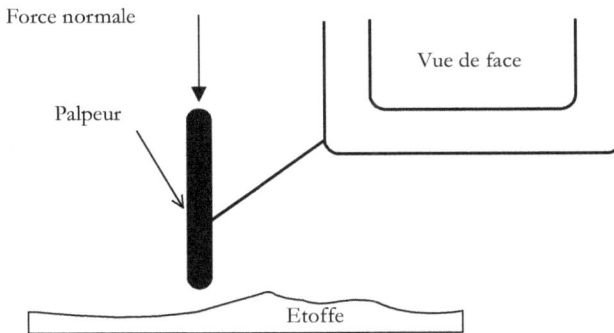

Figure I-5 : Procédure de mesure du profil de surface [Saville 99]

La mesure du coefficient de friction pour une étoffe consiste à faire tirer un bloc en acier de masse **m** sur une surface rigide qui est couverte par l'étoffe à tester. Pour la translation, le bloc en acier est lié à une cellule de chargement moyennant un fil qui passe autour d'une poulie en rotation sans frottement (Figure I-4). Ce dispositif permet alors la mesure de la force à partir de laquelle la masse **m** commence à translater. Ce coefficient de frottement et déduit par la formule suivante :

$$\mu = \frac{F}{mg} \tag{1.2}$$

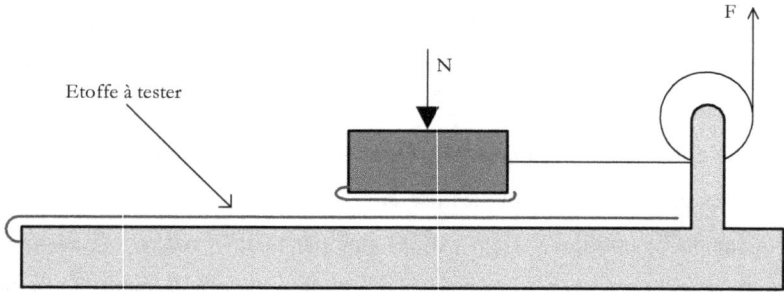

Figure I-6 : Dispositif de mesure du coefficient de friction [Saville 99]

L'autre méthode permettant de mesurer le coefficient de frottement est la méthode du plan incliné. Pour ces deux méthodes, il est nécessaire de mentionner que le coefficient mesuré dépend de l'étoffe à tester et également du matériau du bloc en acier. Pour remédier à cette dépendance on couvre le bloc par le même type d'étoffe.

Le deuxième système appelé FAST permet de mesurer, en plus des propriétés de traction, la stabilité dimensionnelle des étoffes. Le test de stabilité permet de présenter l'évolution des dimensions en fonction des conditions environnementales telles que la température et l'humidité. Afin de mesurer la stabilité dimensionnelle, l'étoffe est séchée dans un four à 105 °C et mesurée dans les directions chaîne et trame pour donner la longueur L_1. Après l'étoffe est imbibée dans l'eau et mesurée à l'état humide pour donner la longueur détendue humide L_2. Et enfin, elle est remise dans le four pour séchage puis mesurée par la suite pour donner la longueur L_3. Les paramètres de la stabilité dimensionnelle seront alors calculés à partir de ces mesures dans les directions chaîne et trame **[Saville 99]**. On calcule finalement le rétrécissement de relaxation qui représente un changement irréversible dans les dimensions de l'étoffe. Ceci apparait lors de l'exposition de l'étoffe à la vapeur ou lorsque elle est totalement mouillée. Ce premier paramètre est donné par formule suivante :

$$Retrait\ de\ relaxation = \frac{L_1 - L_3}{L_1} \cdot 100\% \qquad (1.3)$$

Le second paramètre qui représente un changement réversible pour les dimensions de l'étoffe. Ce changement se manifeste par un changement du taux d'humidité dans l'étoffe, c'est le passage d'un état humide à un état sec. Ce paramètre est donné par :

$$Expansion\ hygrale = \frac{L_2 - L_3}{L_3} \cdot 100\% \qquad (1.4)$$

Le système de mesures KES permet de déterminer environ 16 paramètres :

A. Essai de traction

1. La déformation qui représente l'allongement relatif de l'étoffe en pourcent,

2. L'énergie de déformation qui représente l'aire de la courbe contrainte déformation,

3. La résilience qui représente le rapport entre le travail résiduel et le travail total fourni lors de la déformation,

4. L'indice de non-linéarité qui mesure l'ampleur de la non-linéarité de la courbe de traction. Cet indice est inférieur à 1 si la tangente à la courbe est inférieure à 45° et supérieur à 1 dans le cas inverse.

B. Essai de cisaillement

1. Le module de cisaillement qui représente la pente de la courbe de cisaillement,

2. La largeur de l'hystérésis pour les deux angles de cisaillement 0.5° et 5°.

C. Essai de flexion

1. La rigidité de flexion de l'étoffe (la pente de la courbe de flexion qui relie les deux rayons de courbure $0.5\ cm^{-1}$ et $1.5\ cm^{-1}$),

2. La largeur de l'hystérésis pour une courbure de flexion égale à $0.1\ cm^{-1}$.

D. Essai de compression

1. L'épaisseur de l'étoffe pour une contrainte de compression égale à 0.5 gf/cm²,

2. L'épaisseur de l'étoffe pour une contrainte de compression égale à 50 gf/cm²,

3. L'énergie de compression,

4. La résilience de compression qui représente le rapport entre le travail récupéré et le travail fourni,

5. L'indice de non-linéarité de la courbe de compression.

E. Paramètres de la surface

1. Le coefficient de friction de la surface mesuré le long de 3 cm de longueur d'étoffe,

2. La déviation moyenne du coefficient de friction,

3. La rugosité de la surface de l'étoffe.

4. Le système de mesure FAST permet de déterminer environ 14 paramètres par mesure directe et par calcul. La différence entre les deux systèmes de mesure se situe au niveau des dimensions de l'éprouvette. Le système FAST utilise une éprouvette rectangulaire de longueur égale à 5 cm alors que le système KES se base sur une éprouvette carrée de 20 cm x 20 cm. Autre différence, le système FAST exploite des valeurs de chargement pour déterminer l'extension correspondante alors que le système KES exploite la courbe de chargement entière. Au niveau de la flexion, KES se base sur la flexion pure alors que le système FAST adopte le principe de la poutre cantilever. Ces deux systèmes de mesure offrent des résultats cohérents. Le système FAST est beaucoup moins cher et plus facile à utiliser dans l'industrie, par contre, le système KES reste plus performant pour des résultats plus précis et plus approfondis.

5. Au niveau des propriétés géométriques on trouve les techniques de mesure par caméra et traitement d'images et les techniques de mesure directe [Hu 00]. Parmi les paramètres mesurés, on trouve le nombre de chaînes et de trame par centimètre pour une étoffe tissée et la densité de maille qui s'exprime en nombre de mailles par centimètre pour une étoffe tricotée. On mesure également l'épaisseur de l'étoffe qui s'exprime en millimètre, le diamètre moyen du fil utilisé et son titrage qui s'exprime en gramme par millimètre. Pour les étoffes tissées on mesure l'ondulation du fil soit par traitement d'image ou par mesure de la déformation lors d'un chargement bien défini et on mesure aussi l'angle d'armure. Pour les étoffes tricotées on mesure la longueur du fil utilisé pour la formation d'une maille.

6. En plus de ces propriétés mécaniques et géométriques, on trouve les propriétés de drapage. Ces propriétés sont déterminées soit par la méthode de cantilever qui

exploite les mesures en deux dimensions ou par un "drapemeter" capable de déterminer le profil d'un drapage en trois dimensions.

II.2. Etude du comportement mécanique des structures tissées

L'étude du comportement mécanique des étoffes tissées date du début du 20ème siècle. Peirce, l'un des pionniers de la recherche sur étoffes tissées, a adopté dans ses premières publications en 1937 **[Pierce 37]** une approche géométrique et mathématique pour la modélisation des efforts mécaniques en traction exercés lors du chargement d'une étoffe tissée. En 1949, Weisenberg **[Weissenberg 49]** a présenté une étude théorique dans laquelle il modélise la maille d'un tissu par un treillis en modélisant les fils par des barres. Leaf a développé ces recherches et présenta en 1980 trois approches **[Leaf 80]**. La première se base sur le théorème de Castigliano pour les petites déformations. Pour l'analyse des grandes déformations il adopte une approche énergétique et une autre basée sur la méthode d'équilibre de forces. Contrairement aux recherches précédentes basées sur des modèles prédictifs, Kawabata et Bassett proposent des modèles numériques basés sur une régression polynomiale de la courbe expérimentale contrainte-déformation.

Pour résumer on peut dire que pour la prédiction du comportement mécanique, on trouve l'approche microscopique qui se fait à l'échelle des fils puis par le biais d'une homogénéisation on passe à l'échelle de la structure **[Boubaker 03]**, **[Peng 02]** et **[Realff 93]**. On trouve aussi une autre approche mésoscopique qui se base sur l'échelle de la maille élémentaire pour aboutir par la procédure d'homogénéisation à l'échelle de la structure **[Magno 01]** et **[Magno 02]**. Ces deux approches sont coûteuses au niveau du temps de calcul mais en revanche elles proposent des modèles fiables pour la prédiction du comportement des étoffes sur des essais mécaniques standards. L'inconvénient des ses méthodes se résume dans la difficulté d'implémenter leurs modèles pour la mise en forme. En plus de ces deux approches, ils existent d'autres modèles qui tiennent compte de la géométrie des mailles, présentée par des splines, pour prédire le comportement de la structure **[Olofsson 64]** et **[Olofsson 65]**. Ces modèles sont purement analytiques et ils ne sont pas applicables pour les simulations de mise en forme. Pour la simulation du drapage des étoffes, on trouve le modèle, masses ressorts, qui modélise chaque fil par un ressort de rigidité donnée et les nœuds par des masses **[Provot 95]**.

Toutes ces approches montrent qu'il est difficile à la fois d'avoir un modèle de comportement qui est à la fois pratique à utiliser et offrant des résultats précis. Ces modèles de comportement dépendent des modes de déformation de l'étoffe.

II.2.1. Modes de déformation

Lors de la mise en forme, une étoffe peut être soumise à trois modes de déformation. Un mode d'allongement membranaire dans la direction des fils, un mode de cisaillement dans le plan, un mode de déformation en flexion. De même les fils peuvent subir des sollicitations en torsion.

A. Allongement dans la direction des fils

Si le tissu est sollicité en tension dans la direction des fils, il subit un allongement dans cette direction (voir Figure I-7). Les allongements sont en général assez faibles, mais peuvent engendrer des énergies de déformation importantes à cause de la grande rigidité des fibres dans cette direction. De plus le grand élancement des fils comparé à leur section peut faire flamber les fils sous des efforts très faibles en compression dans le plan.

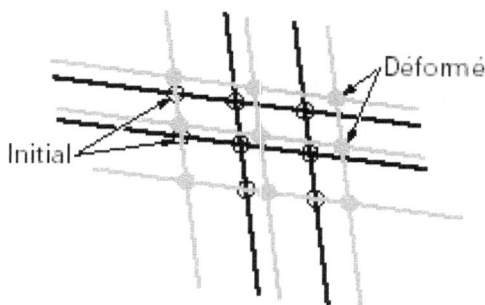

Figure I-7 : Allongement des fils dans le plan

B. Déformation de cisaillement dans le plan

Cette déformation est due à une rotation des fils autour des points de superposition des réseaux chaîne – trame (effet treillis). Rien n'empêche cette rotation relative dans la structure du tissu qui se comporte comme un système à quatre barres (voir Figure I-8). C'est le mécanisme principal de déformation d'un tissu dans son plan. Les déformations peuvent être très grandes même si elles correspondent à des efforts très faibles, au moins jusqu'à un angle limite de blocage.

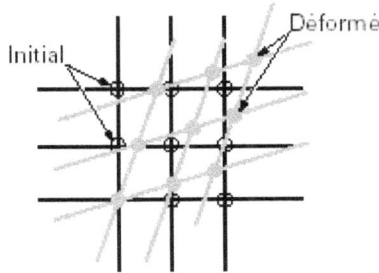

Figure I-8 : Cisaillement dans le plan

C. Déformation de flexion

La rigidité de flexion d'un tissu est très faible. En effet un fil a en général une très petite section et le glissement relatif entre les fils est possible. Il en résulte une rigidité de flexion souvent négligeable. Cet aspect de faible rigidité en flexion représente un atout pour la mise en forme des tissus. Le principe de mesure de rigidité en flexion est de fixer l'éprouvette d'un coté et de la laisser fléchir sous son propre poids. La rigidité est calculée par la formule suivante [Hu 00] :

$$G = ML^3 \left(\frac{cos(\theta/2)}{8\, tan\theta} \right) \qquad (1.5)$$

où L, θ et M sont des paramètres qui représentent respectivement la longueur de projection, l'angle de flexion et la masse de l'étoffe par unité de surface. La longueur **L** n'est pas normalisée, on choisit alors une valeur arbitraire.

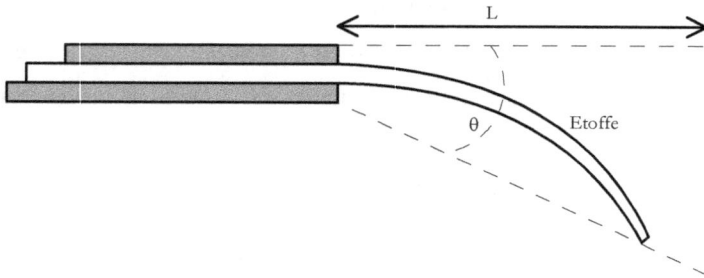

Figure I-9 : Dispositif de mesure de la rigidité en flexion [Saville 99]

II.2.2. Comportement en traction uniaxiale

L'essai de traction uniaxiale dans l'axe de la chaîne ou de la trame est l'un des essais les plus importants caractérisant le comportement des étoffes. Cet essai est assez compliqué au niveau du traitement est ceci est dû à la discontinuité de l'étoffe. La composition de l'étoffe par plusieurs types de fibres rend l'étude de l'essai plus difficile puisque chaque mouvement de fibre engendre une déformation ou une contrainte. La Figure I-10 illustre une courbe typique d'un essai de traction uniaxiale. Sur cette courbe on peut distinguer 3 phases :

• Chargement de l'étoffe qui engendre la déformation des mailles et le redressement des fils ce qui explique les faibles valeurs de la contrainte enregistré au début du chargement.

• La deuxième phase correspond à la friction entre les fils et aussi à la consolidation des mailles et c'est à partir de ce moment que la vitesse de croissance de la contrainte devient plus importante.

• La dernière phase s'accorde avec la fin de l'orientation des fils où le chargement devient appliqué directement sur les fils. Cette phase se distingue par une relation quasiment linéaire entre la contrainte et la déformation.

• Le chargement d'une éprouvette tissée se fait avec un chargement initial égal à zéro. Malgré cela, lors du déchargement on enregistre une déformation résiduelle différente de zéro et la courbe de déchargement ne revient pas à zéro. Cet effet d'hystérésis se traduit par une perte d'énergie indépendamment du niveau de chargement. De ce fait la géométrie ne retrouve pas sa forme initiale et garde une déformation résiduelle qui croît en fonction du nombre de chargement et déchargement.

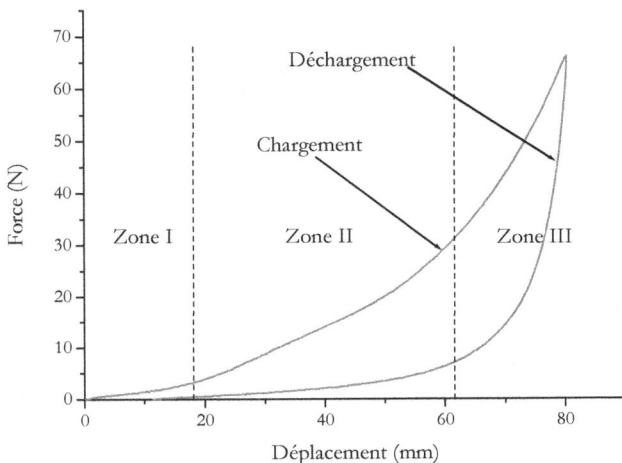

Figure I-10 : Courbe de traction uniaxiale chargement-déchargement

II.2.3. Comportement en traction biaxiale des étoffes

Du fait même du tissage et de l'alternance des fils ; le tissu présente une ondulation naturelle de ses mèches (Figure I-11). Sous l'effet de la tension, les fils ont tendance à devenir rectilignes. Dans un cas extrême où l'autre direction est laissée totalement libre de se déplacer, les fils sollicités deviennent totalement droits et les autres fortement ondulés (Figure I-11). Dans des cas, intermédiaires, un état d'équilibre est atteint, où les deux directions subissent des variations d'ondulation. Il apparaît clairement que ce phénomène est biaxial et que les deux réseaux sont en interaction.

25

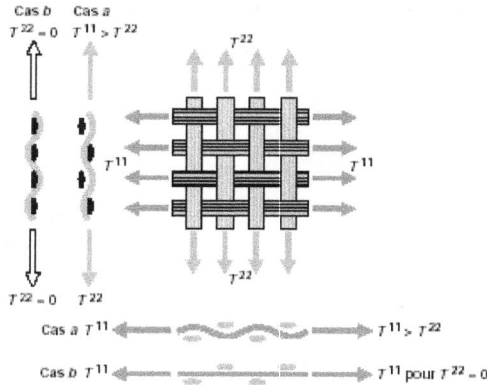

Figure I-11 : Variation d'ondulation pour des tensions chaîne et trame

Pour étudier le comportement spécifique des tissus et pour mettre en évidence les caractéristiques évoquées ci-dessus, il est nécessaire de mener des essais à l'aide d'un dispositif capable de tester les tissus dans deux directions simultanément. Le dispositif montré sur la Figure I-12 repose sur le principe de deux losanges déformables **[Boisse 01]**. Les mesures de déformations sont faites soit par méthodes optiques, soit par systèmes mécaniques. Ce dispositif permet de réaliser des essais de traction biaxiale avec des rapports $k = \varepsilon_{chaîne}/\varepsilon_{trame}$ (ε : déformation). Dans le cas d'un tissu quasi équilibré ou non équilibré, on constate toujours que les courbes de comportement contrainte – déformation du tissu sont très nettement non linéaires pour des efforts très faibles puis linéaires pour des valeurs d'efforts plus importants. Cette non-linéarité de comportement est une conséquence de phénomènes non linéaires se présentant à des échelles inférieures (variations d'ondulation et écrasement des fils). L'étendue de la zone non linéaire est importante en regard de la déformation à la rupture. Par ailleurs, elle dépend du rapport k de déformations imposées, ce qui met ainsi en évidence le caractère biaxial du comportement des tissus. La zone de non-linéarité est maximale pour les essais libres pour lesquels les mèches tendent vers un état complètement rectiligne et ce, sous des efforts très faibles. Lorsque la rectitude du fil est atteinte, on retrouve le comportement des mèches seules. La valeur de la déformation correspondant à cette transition est due à l'embuvage (ou tissage) de l'étoffe dans cette direction. Enfin, la zone linéaire du

26

comportement est caractérisée par une rigidité proche de celle des fibres seules en traction simple.

Figure I-12 : Dispositif de traction biaxiale [Boisse 01]

Observés à l'échelle du motif élémentaire de tissage, ces phénomènes non linéaires, d'origine géométrique, sont qualifiés à l'échelle mésoscopique. Leur effet est complété et amplifié par des phénomènes se manifestant au niveau des fibres (échelle microscopique). Sous l'effet des différents efforts de traction suivant l'axe des fils, et de compression transverse au niveau du contact entre les deux réseaux, les filaments se réarrangent, et la forme de la section transverse des fils varie. Les non-linéarités mises en jeu à cette échelle sont liées aux frottements entre les fibres et engendrent des non-linéarités de type géométrique à l'échelle mésoscopique. L'ensemble de ces phénomènes est à l'origine des non-linéarités matérielles observées à l'échelle macroscopique du tissu.

II.3. Etude du comportement mécanique des structures tricotées

Les structures tricotées sont classées en deux catégories (Figure I-2), la première représente la maille cueillie (tricot trame) et la deuxième représente la maille jetée (tricot cha. Ces deux classes se différencient par la méthode de tricotage et surtout par leur comportement mécanique. Les études menées pour la modélisation du comportement des étoffes tricotée sont plus rares. Les premières études se sont intéressées à la modélisation géométrique de la déformation de la maille. La maille élémentaire est modélisée par une fonction polynomiale des coordonnées de la fibre neutre du fil **[Nocent 01]**. Cette approche empirique ne prédit que la forme géométrique des mailles et elle est limitée au niveau de la caractérisation mécanique puisque elle ne tient pas compte de l'aspect mécanique. **[Choi 2003]** et **[Xue 02]** ont mené des études récentes pour l'analyse de comportement des ces structures par une approche énergétique. Ces études sont restées dans le cadre de calcul empirique.

II.3.1. Mode de déformation de la maille

Dans le cas de la traction, on distingue deux modes de déformation. Une déformation suivant la direction des colonnes et une déformation suivant la direction des rangées. Pour le premier mode, on constate que la maille devient plus étroite et sa largeur diminue alors que sa hauteur augmente (Figure I-13.a). Dans ce cas on peut s'apercevoir qu'à partir d'un chargement critique, les efforts seront exercés sur les fils.

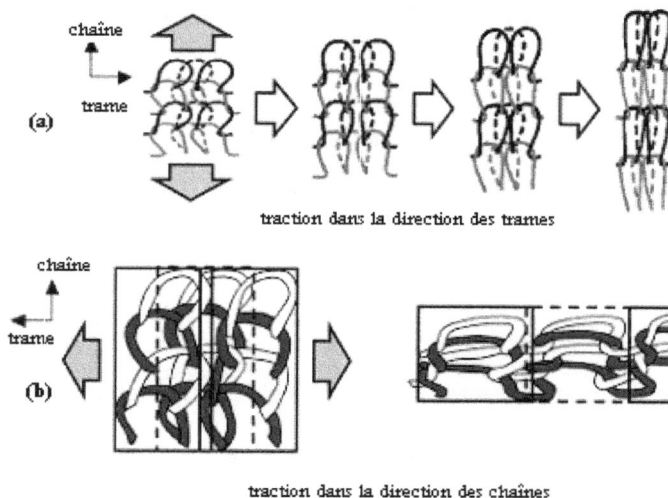

traction dans la direction des trames

traction dans la direction des chaînes

Figure I-13 : Déformation de maille lors de la traction uniaxiale dans les deux directions principales

Pour le deuxième mode, on peut observer sur la Figure I-13.b que la maille devient plus large et sa hauteur diminue au fur et à mesure du chargement. Ce cas de configuration laisse une marge de déformation plus grande et les fils ne seront directement sollicités que lorsque la hauteur de la maille devient assez faible.

II.3.2. Comportement en traction uniaxiale

Comme pour l'essai de traction sur une étoffe tissée, l'essai de traction uniaxiale sur les tricots reste l'un des essais qui caractérisent le comportement des étoffes. Comme pour une étoffe tissée, une courbe typique d'un essai de traction uniaxiale se distingue par 3 phases :

• Pour la première on enregistre une faible valeur de force. Cette force correspond à une déformation de la maille et non pas à une déformation des fils.

• La deuxième phase non-linéaire correspond à la friction entre les fils et aussi à la consolidation des mailles et c'est à partir de ce moment que la vitesse de croissance de la contrainte devient plus importante.

• La dernière phase s'accorde avec la fin de l'orientation des fils où le chargement devient appliqué directement sur les fils. Cette phase se distingue par une relation quasiment linéaire entre la contrainte (ou la tension) et la déformation.

II.3.3. Comportement thermique des étoffes

La stabilité dimensionnelle d'une étoffe est la mesure de la déformation auquel elle maintient ses dimensions originales après sa fabrication. Il est plus probable d'avoir une diminution ou un rétrécissement de l'étoffe mais c'est possible que le changement des dimensions soit une augmentation **[Saville 99]**. Certains défauts de tissu tels que la perte de couleur peuvent dégrader l'aspect d'un vêtement mais malgré cela, il reste utilisable. D'autres défauts tels que la résistance faible d'abrasion peut apparaître tard dans la vie d'un vêtement mais ceci peut être peut être prévu en choisissant une étoffe de bonne qualité. Cependant, le changement dimensionnel peut apparaître dès le début de la vie d'un vêtement, le rendant ainsi inutilisable.

Le rétrécissement de tissu peut se produire juste après la fabrication ou lors de l'utilisation ultérieure du produit fabriqué. En effet, lors de la mise en forme à chaud on peut enregistrer un rétrécissement au niveau des dimensions du produit causé par de refroidissement et la rétraction de l'étoffe. Lors du lavage, l'étoffe est exposée à une agitation mécanique à l'eau chaude et au détergent, ce qui peut causer des changements dimensionnels. Le séchage peut également affecter le rétrécissement à cause du passage d'un produit humide vers un produit sec. Par contre, le nettoyage à sec des étoffes n'affecte pas les dimensions puisque les dissolvants ne sont pas absorbés par les fibres ainsi ils ne gonflent pas ou n'affectent pas leurs propriétés. Ceci réduit certains des problèmes qui se produisent pendant des processus humides de nettoyage. En général, les types de fibre qui absorbent l'humidité sont les plus affectés par les changements dimensionnels, mais le rétrécissement de relaxation peut affecter n'importe quel type de fibre. On peut identifier différents types de changement dimensionnel [**Saville 99**].

A. L'expansion hygrale

C'est une propriété des tissus faits à partir des fibres qui absorbent l'humidité, en particuliers tissus faits à partir des laines. C'est un changement réversible des dimensions qui intervient quand le taux d'humidité d'un tissu est changé.

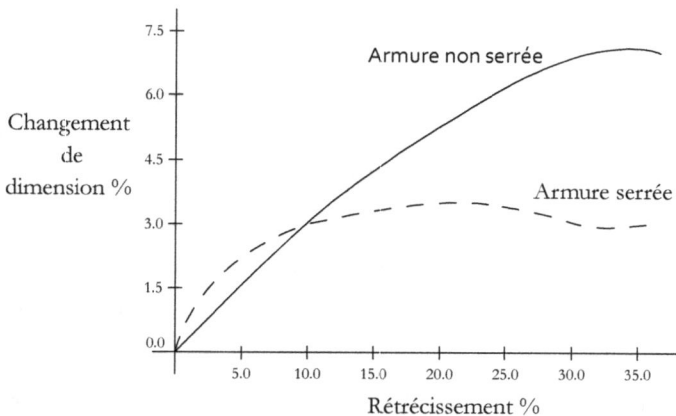

Figure I-14 : Expansion hygrale de la laine

La figure ci-dessus montre que les dimensions d'une étoffe en laine augmentent lorsque le taux d'humidité croît. Pour la deuxième étoffe, les dimensions augmentent mais elles atteignent un maximum au bout de 20 % parce que l'armure de la deuxième étoffe est plus serrée. Cette croissance peut s'expliquer par le redressement des fils qui se replient à cause du changement du volume des fibres environ 16 % au niveau du diamètre et 1% au niveau de la longueur de la fibre **[Saville 99]**.

B. Le rétrécissement par relaxation

C'est un changement dimensionnel irréversible accompagnant le dégagement des contraintes de fibre données pendant la fabrication qui ont été placées par les effets combinés du temps, des traitements de finition, et des butées physiques dans la structure. En général, les fils sont soumis à des contraintes de chargement lors du tissage ou du tricotage ce qui place les étoffes dans un état instable. Après la fabrication, les fils de l'étoffe auront tendance à retrouver leurs dimensions surtout dans la direction des chaînes.

C. Le rétrécissement par gonflement

C'est le résultat du gonflement et du dégonflement des fibres constituants le tissu dû à l'absorption et à la désorption de l'eau. Par exemple les fibres visqueuses augmentent dans la longueur d'environ 5% et leur diamètre de 30-40% **[Fourne 99]**.

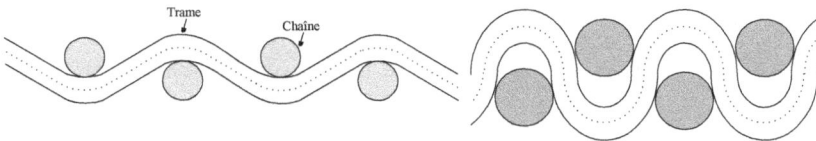

Figure I-15 : Rétrécissement par gonflement des fibres

Le gonflement des fibres fait que le chemin parcouru par les fils doit augmenter. Puisque aucune force n'empêche les fils de se rétrécir, la longueur de l'étoffe diminue sous l'effet du gonflement. Bien que les dimensions de fibre retournent à leurs valeurs originales sur le séchage, les forces disponibles pour permettre au tissu de retrouver ses dimensions originales ne sont pas aussi importantes que les forces de gonflement de sorte que le processus tend à être irréversible. Ce mécanisme crée souvent un rétrécissement pour des étoffes en viscose ou en coton.

Pour remédier à ces problèmes de changement dimensionnel et surtout de rétrécissement, on peut maintenir l'étoffe à la longueur souhaitée puis on lui applique un chargement thermique qui permet de faire surgir des forces de réaction. Le traitement thermique d'une étoffe peut introduire des changements physiques ainsi que des changements chimiques dans les fibres thermoplastiques. Les transformations physiques se produisent à la température de transition vitreuse T_g et à la température de fusion T_m. Pour le changement chimique, il apparaît à la température de pyrolyse T_p où le matériau commence à se dégrader et à se décomposer.

Lorsqu'on applique un chargement en traction sur des polymères amorphes ils ont tendance à retrouver l'état initial. En effet, les chaînes de molécule pour ce type de polymère sont en désordre et même si ces chaînes se mettent en ligne droite sous l'effet du chargement ils se replient sur elles mêmes dès que les forces s'effacent **[Saville 99]**.

Les polymères sont souvent décrits comme étant amorphe ou cristallin. Cependant, plusieurs polymères sont considérés comme des matériaux semi-cristallins. Le chauffage au-dessus de la température de transition vitreuse provoque une mobilité des molécules de la partie amorphe ce qui libère les forces de restauration qui avaient été précédemment figées à une température plus basse. Les chaînes de molécules allongées par l'effet du chargement se cristallisent et elles auront tendance à conserver l'état allongé après refroidissement. Par contre, il faut que le refroidissement soit lent sinon le matériau se solidifie à l'état amorphe.

III. Procédé de mise en forme

Le thermoformage est une technique de plus en plus utilisée dans les domaines industriels comme la lingerie, l'industrie automobile et l'emballage (Figure I-16).

Figure I-16 : Procédé de mise en forme par thermoformage

La stabilité dimensionnelle apportée aux étoffes, pour empêcher toute déformation ultérieure, est l'un des avantages de ce procédé de mise en forme. En plus, cette technique permet de réduire le nombre d'opérations de fabrication (fabrication en une seule pièce sans couture) et de réaliser des produits de formes complexes. Ce procédé s'effectue généralement à chaud pour permettre aux produits de conserver les formes géométriques souhaitées.

Plusieurs études de modélisation mécanique ont été effectuées sur des matériaux composites à renforts tissés et tricotés. Ces études ont été réalisées dans le but de simuler numériquement les procédés de mise en forme de ces structures. En effet, une simulation numérique d'un procédé de mise en forme d'étoffe permet d'étudier la faisabilité de la forme géométrique de la préforme et de tester ses capacités de déformation. Pour cela, il est nécessaire d'avoir un modèle qui reflète le comportement réel du matériau vis-à-vis des sollicitations complexes mécanique ou thermique. Dans ce cadre, plusieurs approches ont été proposées à différentes échelles, on trouve des modèles microscopiques qui tiennent compte du comportement des fils **[Jansson 02]**, des modèles mésoscopiques où on fait des analyses à l'échelle de la maille **[Xue 02]**. Ces modèles sont généralement suivis d'une étude d'homogénéisation pour avoir un modèle de comportement à l'échelle macroscopique **[Peng 02]**. En plus des échelles de modélisation, les essais mécaniques de caractérisation jouent un rôle important dans la fiabilité du modèle. En effet, pour des structures fabriquées en fibre de verre ou de carbone, la connaissance des propriétés de cisaillement est nécessaire sur l'effet du cisaillement **[Cherouat 94]**, alors que pour une structure composée de polyamide et d'élasthanne le cisaillement a un effet négligeable par rapport à celui de la tension.

Enfin, pour la simulation numérique de la mise en forme des textiles par drapage ou par thermoformage (grande déformation avec grand déplacement), il faut prévoir des éléments finis capables de mieux représenter la géométrie de la structure particulière des étoffes tricotées ou tissées. Jusqu'à maintenant on dispose d'éléments finis standards tels que les éléments barres ou les éléments coques. Or ces deux éléments ne reflètent pas parfaitement le comportement du tissu que ce soit au niveau mécanique ou au niveau thermique.

De plus, en mise en forme, les éléments finis sont souvent soumis à des grandes déformations donc à des distorsions angulaires importantes. Ces distorsions peuvent entraîner la divergence du calcul par éléments finis. La première solution pour remédier à ce problème est l'utilisation des maillages très fins ce qui prendra un temps énorme pour le calcul. La deuxième solution qui est la plus optimisée permet de remailler automatiquement, par raffinement ou déraffinement, la structure au cours de la mise en forme selon des critères géométriques ou physiques **[Borouchaki 02]**

Chapitre II
Etude expérimentale et
caractérisation des étoffes

I. Introduction

Jusqu'à maintenant seules les caractéristiques techniques (composition de l'étoffe, la longueur du fil absorbée par maille (LFA), la densité de maille et la densité de masse) sont capables de caractériser une étoffe. Mais ces caractéristiques ne sont pas suffisantes pour déterminer les capacités d'allongement des étoffes. Pour notre étude, on dispose de différents types d'étoffes avec différentes structures de maille (jersey, taffetas…) et avec différentes compositions (polyamide, polyester, coton, élasthanne…).

Par exemple le soutien-gorge est un produit lingerie donc très "mode" et l'aspect visuel essentiel, les stylistes sont en perpétuelle recherche de nouvelles matières. Ces étoffes constituées de tricots et de tissus incorporant ou non de l'élasthanne, les matières sont synthétiques (polyamide, polyester, etc.) et naturelles coton en particulier. La faible extensibilité des tissus est compensée par l'introduction d'élasthanne. En résumé cette "matière" se caractérise par :

- une multitude de composants naturels et synthétiques mélangés (plusieurs fils ou mélanges intimes dans un même fil)
- des structures (armures de tissus ou contexture mailles) multiples
- des propriétés thermomécaniques très diverses (synthétiques thermofixables, coton insensible mécaniquement à la température, …).

Par exemple, le processus de moulage pour la mise en forme de soutien-gorge a pour but de :

- déformer l'étoffe (jusqu'à 40% environ dans toutes les directions) sans risque de rupture (effet dilatant de la chaleur)
- de thermofixer la structure dans sa déformation finale d'une façon durable dans le temps et sans être perturbé par les opérations d'entretien.

Les facteurs influents sur la qualité et la durabilité de la forme moulée sont :

- La composition et la structure de l'étoffe
- La température nécessaire pour thermofixer sachant qu'un excès peut entraîner un durcissement (perte de confort tactile) ou une altération de l'aspect visuel (jaunissement)
- La durée de l'opération de moulage.

De plus, l'obtention d'objets de forme complexe en matériaux textiles souples (cas du soutien gorge par exemple) repose traditionnellement sur les capacités de déformation du matériau initial associé à l'assemblage par couture d'éléments découpés selon un gabarit plan. Les propriétés mécaniques sont de ce fait résultantes des caractéristiques intrinsèques des matériaux initiaux et du mode d'assemblage. La présence des coutures introduit des ruptures de continuité dans la structure, pénalisant les propriétés physiques, l'esthétique et le confort lorsqu'il s'agit d'éléments vestimentaires. Actuellement les fabricants de soutien-gorge développent de plus en plus des bonnets moulés pour réduire le processus de confection. Le processus de moulage sollicite la matière thermiquement, mécaniquement par des actions de traction dans la surface et selon une direction perpendiculaire à la surface avec contact entre le matériau et les moules.

Notre objectif est de déterminer en premier lieu une caractéristique globale de l'étoffe et ensuite définir des classes d'étoffes. Avant de classifier les étoffes nous avons déterminé les capacités d'allongement pour chaque type d'étoffe (dans le sens colonnes et sens rangées). Nous avons donc, réalisé une série d'essais de traction uni-axiale, selon la norme utilisée, jusqu'à la rupture sur un dynamomètre doté d'un logiciel pour la commande et pour la récupération des résultats. Après ces essais, nous pouvons déterminer l'allongement à la rupture pour chaque étoffe et dans chaque direction (chaîne et trame pour un tissu, colonnes et rangées pour un tricot).

L'expérimentation joue donc un rôle important dans la caractérisation des matériaux. En effet, elle permet d'évaluer de façon qualitative et quantitative le comportement et les phénomènes mécaniques et constitue donc une étape fondamentale pour l'identification du modèle de comportement (élastique, viscoélastique, plastique, hyperélastique, …). Elle permet notamment de déterminer les coefficients du modèle de comportement (ou les caractéristiques de la structure) comme l'énergie de déformation et la déformation à la rupture. Enfin, une étude expérimentale appropriée représente aussi un moyen pour la validation du modèle de comportement.

Dans cette étude une série d'essais expérimentaux a été réalisée à l'Institut Français de Textile et d'Habillement (IFTH) de Troyes pour étudier les mécanismes de déformation des étoffes ainsi que leurs comportements vis-à-vis d'un flux thermique. L'objectif est d'établir dans une première partie les paramètres optimaux de thermofixation (stabilité dimensionnelle) en vue d'établir les effets du lavage sur la forme finale du produit fini. Dans une seconde partie, l'objectif est d'étudier les effets de ces paramètres sur les caractéristiques mécaniques de l'étoffe dans le cas de mise enforme par emboutissage ou thermoformage à chaud ou à froid.

II. Caractérisation de stabilité dimensionnelle des étoffes

La thermofixation (ou thermofixage) est une opération de mise en forme à chaud destinée à stabiliser les dimensions d'une étoffe par chaleur humide ou par chaleur sèche. On distingue deux méthodologies de procédure de mise en forme, la première utilise la vapeur et la pression et la deuxième utilise la chaleur sèche. Une étoffe thermofixée est définie comme étant une structure tissée ou tricotée qui garde sa forme géométrique après l'opération de mise en forme à chaud tout en ayant un "toucher" agréable. Le "toucher" de l'étoffe n'est pas quantifiable mais peut être évalué par rapport au jaunissement de l'étoffe et sa détérioration lors du chauffage. En effet, une étoffe possède un mauvais "toucher" lorsque l'étoffe jaunit après le chauffage en devenant cartonnée et présente des caractéristiques de fragilité.

II.1. Problématiques et objectifs

- Les différentes étapes des procédés de thermofixation sont :

- La première étape consiste à chauffer les outils et à porter leur température à un niveau qui correspond à la thermofixation de l'étoffe.

- La deuxième étape correspond à l'emplacement des étoffes, en l'occurrence 3 couches pour produire le maximum de pièces, entre la serre flan et la surface plate de la matrice.

- La troisième étape s'accorde avec l'application d'un effort sur la serre flan, cette étape à pour but de fixer l'étoffe avant la phase d'emboutissage.

- La phase quatrième phase consiste à déplacer le conformateur d'une distance prédéfinie.

- La cinquième étape sert à maintenir l'étoffe en position déformée pendant le temps nécessaire pour que l'étoffe se thermofixe et conserve la forme géométrique désirée.

Après la mise en forme à chaud de l'étoffe quelques problèmes peuvent surgir :

- Un rétrécissement des dimensions de l'étoffe accompagné d'une apparition de plis. Ce rétrécissement est le résultat de la non thermofixation de l'étoffe. En effet, l'étoffe n'a pas était suffisamment chauffée pour que la forme des outils soit figée.

- Un changement des caractéristiques physiques du matériau de l'étoffe. Ce changement se manifeste lors du dépassement de la température de transition vitreuse qui se traduit par un produit fini cartonné ou lors du dépassement de la température de fusion qui se traduit par une étoffe cramée. Egalement, on peut se trouver face à cette problématique si le temps de maintien est assez long même si la température et assez faible.

Pour fabriquer un article textile avec les dimensions et la géométrie souhaitables tout en garantissant une agréable sensation au niveau du "toucher" lors de la mise en forme à chaud, il est donc crucial de connaître les valeurs de température de thermofixation ainsi que le temps de maintien. Le critère d'évaluation du produit final, représenté par le "toucher", est lié à la sensation et dépend largement de la personne opératrice. Cette dépendance fait que ce critère reste difficile à évaluer et surtout difficile à quantifier. Pour remédier à cette contrainte nous proposons une approche basée sur une présélection des étoffes thermoformées (étoffes ayant une bonne capacité aux grandes déformations) et sur le choix optimal du couple temps et température minimisant le rétrécissement des étoffes après mise en forme.

II.2. Mode opératoire et dispositif expérimental

L'objectif est de déterminer la température et le temps qui nous permettent d'avoir une étoffe thermofixée (stabilité dimensionnelle). Pour atteindre cet objectif, un dispositif expérimental a été réalisé à l'IFTH de Troyes pour simuler les conditions expérimentales de mise en forme à chaud. Il est constitué d'un dynamomètre uni-axial ayant une capacité de 500 N et deux plaques chauffantes de fixation pouvant atteindre une température de 250 °C (voir Figure II-1). Ses plaques en aluminium sont munies de trois résistances pour avoir une température bien répartie sur la surface de contact. Pour une précision sur les mesures, le dispositif est étalonné moyennant des thermocouples et un outil de mesure de la température. Le dynamomètre servira pour déformer l'étoffe dans l'une des directions privilégiées (chaînes ou trames, colonnes ou rangées). La compagne d'essai a été effectuée sur différentes étoffes composées de différent de matériaux avec différents tissages. Un essai de thermofixation est réalisé pour chaque direction et pour chaque type d'étoffe caractérisée par son matériau constitution (coton, polyamide ou polyester) et son tissage (taffetas ou jersey) [**Bachmann 06**].

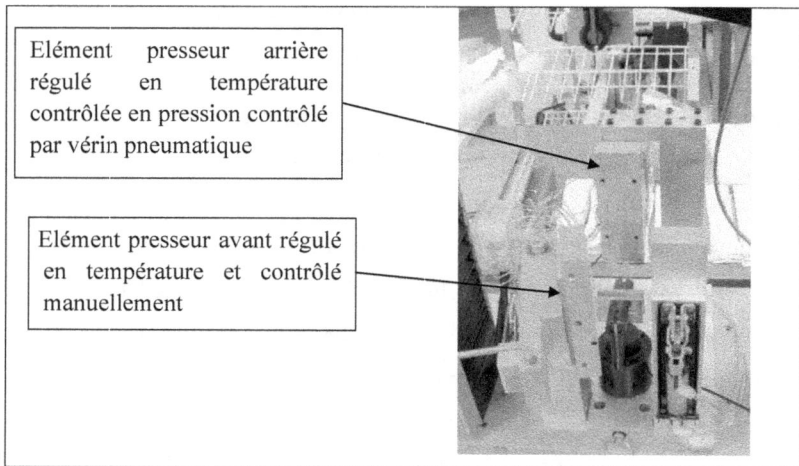

Elément presseur arrière régulé en température contrôlée en pression contrôlé par vérin pneumatique

Elément presseur avant régulé en température et contrôlé manuellement

Figure II-1 : Dispositif d'essai de thermofixation

Au niveau des essais, les valeurs de la température et du temps varient en fonction du type de matériau utilisé dans les étoffes. En effet il ne faut pas dépasser la température de transition vitreuse des matériaux utilisés. Nous travaillons donc, dans un intervalle de 30°C au dessous de cette température. En ce qui concerne les paramètres de l'essai, nous avons fixé 5 valeurs de temps de maintien qui sont [**30**s, **35**s, **40**s, **45**s, **50**s] et 7 valeurs pour la température qui tiennent compte des caractéristiques thermiques des matériaux utilisés. Ces valeurs sont définies sur la base d'exemple réel de mise en forme sur différents matériaux et différentes structures.

La longueur et la largeur des éprouvettes sont respectivement 100 et 50 mm et le taux maximal de déformation est fixé à 40%. Pour la mesure des déformations locales, un marquage (marqueur indélébile pour les conserver même après le lavage) de 2 points par direction distants de "dx" et "dy" est effectué. Chaque deux points définissent une distance dans une direction "dx" dans la direction rangée et "dy" dans la direction colonnes (voir Figure II-2). Après refroidissement de l'étoffe, les distances de ces points sont mesurées aussi après 3 lavages et séchage pour vérifier si l'étoffe est bien thermofixée (par mesure des allongements rémanents). Nous avons ensuite réalisé des cycles d'hystérésis sur chaque éprouvette lavée. Pour l'étude de l'effet du couple temps-température sur le comportement de l'étoffe, nous étudions les évolutions des variables physiques suivantes :

- Energie de déformation rémanente après lavages en fonction du temps et de la température

- Allongement résiduel en fonction de la température

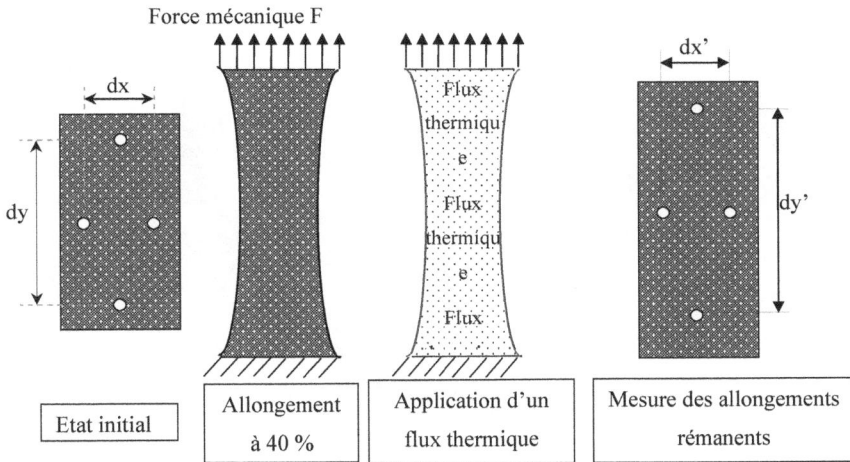

Figure II-2 : Principe de l'essai de thermofixation

II.3. Calcul de l'énergie de déformation rémanente des étoffes

Puisqu'à l'état de réception, les étoffes sont sous contraintes, nous avons choisi de faire des essais d'hystérésis comportant 3 cycles (3 chargements et 3 déchargements). Les deux premiers cycles servent à la relaxation de l'étoffe et le dernier pour le calcul des quantités physiques, en l'occurrence l'énergie de déformation rémanente. En tenant compte de la capacité d'allongement pour chaque étoffe, nous avons réalisé une série d'essais d'hystérésis dans les deux directions de l'étoffe.

- Un chargement consiste à allonger l'éprouvette à X %.
- Un déchargement consiste à diminuer la force jusqu'à atteindre la valeur de $F = 0$.

41

A partir des cycles d'hystérésis nous avons calculé l'énergie de déformation rémanente dans les deux directions par la méthode des trapèzes.

$$E = \int_{x_1}^{x_2} F dx = \sum_{k=1}^{k=N-1}(F_{k+1} + F_k)\left(\frac{x_{k+1}-x_k}{2}\right) \tag{2.1}$$

où N : représente le nombre de points récupérés lors d'un chargement ou d'un déchargement

L'énergie rémanente est donnée par la formule suivante :

$$E_{rémanente} = E_{chargement} - E_{déchargement} \tag{2.2}$$

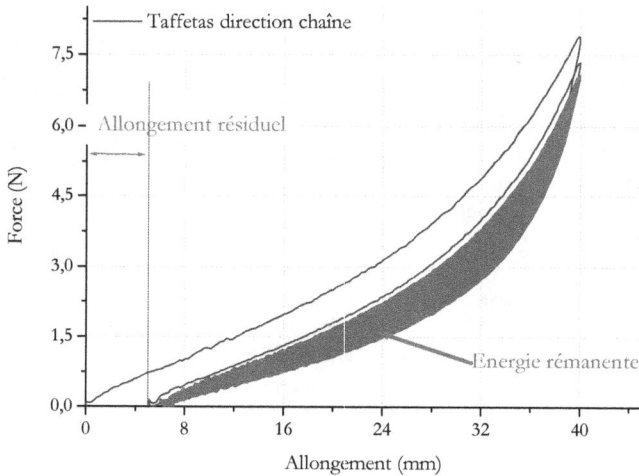

Figure II-3 : Cycles d'hystérésis sur un tissu (allongement de 40%)

Des expérimentations ont été réalisées sur une douzaine d'étoffes représentatives d'une collection (voir un exemple sur la Figure II-4) Dans notre esprit de réponse industrielle et de modélisation, notre souhait était de trouver une méthode permettant de classer les étoffes afin de travailler sur un représentant d'une classe et non pas sur un individu, d'où l'intérêt de rechercher un ou des facteurs globalisants représentatifs. Les paramètres globalisants envisagés sont :

- Energie rémanente au 3e cycle d'extension $[J]$
- Energie rémanente par unité de masse volumique $\left[Jm^3/kg\right]$
- Energie rémanente par unité de masse $\left[J/m^3\right]$.

Après cette série d'essai, nous avons récupéré les valeurs de l'énergie rémanente dans chaque direction. Comme première approche nous avons essayé de caractériser l'étoffe par son énergie rémanente amenée à la masse dans les deux directions. Pour cela nous avons donc établi le graphique qui représente l'énergie de déformation rémanente amenée à la masse dans la direction colonne en fonction de celle dans la direction rangée (voir Figure II-5).

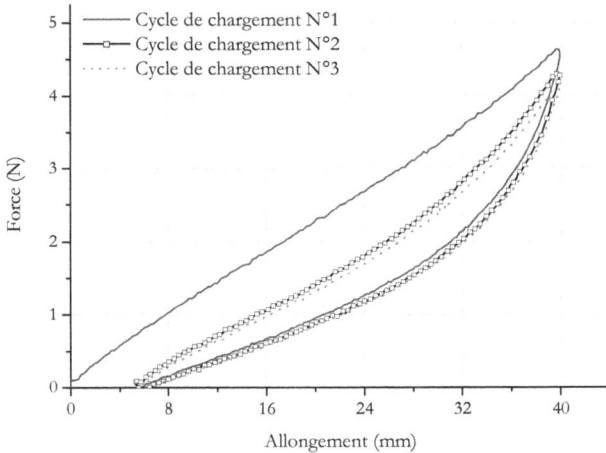

Figure II-4 : Essai d'hystérésis sur étoffe tricotée (Jersey)

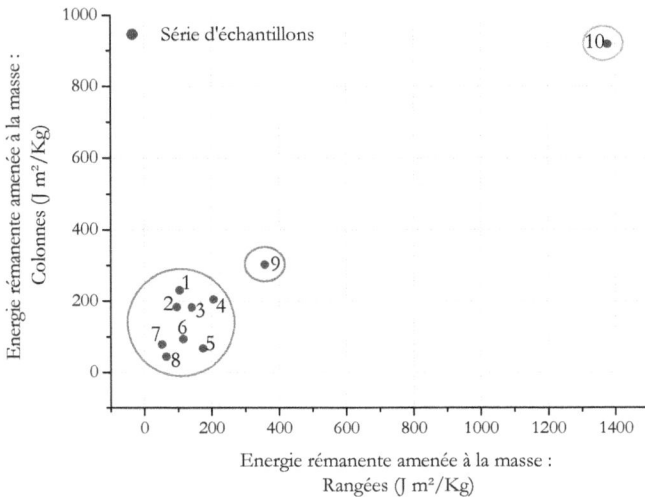

Figure II-5 : Classification des étoffes textiles

43

A partir de ce graphe on peut distinguer 3 groupes différents, le premier constitué par l'échantillon (Groupe 9), où l'énergie de déformation rémanente est très grande (tricot à mailles jetées mailles simplexes). Le deuxième groupe constitué par l'échantillon (Groupe 8) et le dernier groupe constitué par le reste des échantillons. Cette caractérisation nous permet de savoir l'aptitude à la déformation de l'étoffe. En effet le premier groupe nécessite une grande énergie pour se déformer mais il a tendance à garder sa forme finale après déformation. Par contre, le troisième groupe, ne nécessite pas une grande énergie pour se déformer et possède une faible énergie rémanente qui ne lui permet pas de garder sa géométrie après la déformation. On peut dire que l'énergie rémanente peut caractériser l'aptitude à la déformation de l'étoffe, mais ceci nécessite une confirmation par une étude bidimensionnelle.

II.4. Interprétation des résultats de la thermofixation

Le premier exemple concerne la thermofixation d'une étoffe tricotée jersey composée de 78% de polyamide 6.6 et 22% d'élasthanne guipé (terme composé à partir des mots "élastique" et "polyuréthanne"; terme générique désignant les fils à haute élasticité; composés d'au moins 85% de polyuréthanne segmentaire; exemples : "Dorlastan", "Glospan", "Linel", "Lycra"). Les intervalles de variation de la température sont fixés sur la base des caractéristiques du polyamide et de l'élasthanne :

• La température de fusion du polyamide 6.6 est de 225°C.

• La température de fusion de l'élasthanne est de 180°C.

Comme l'élasthanne possède une température de fusion plus basse que celle du polyamide, lors de l'application d'un flux thermique, c'est lui qui va fusionner le premier et va permettre de souder les fibres qui constituent les mailles de l'étoffe à l'état déformé. Ce flux thermique peut aussi cristalliser le polyamide et le rendre plus rigide. Ceci peut se manifester par une augmentation de la rigidité de l'étoffe comme l'illustre la courbe d'hystérésis sur la Figure II-6. L'énergie de déformation rémanente est également plus grande à 180°C elle croit de environ 10% par rapport à la température ambiante. Cette croissance d'énergie rémanente tend vers une valeur limite et ceci on peut l'apercevoir par la représentation d'une courbe d'évolution.

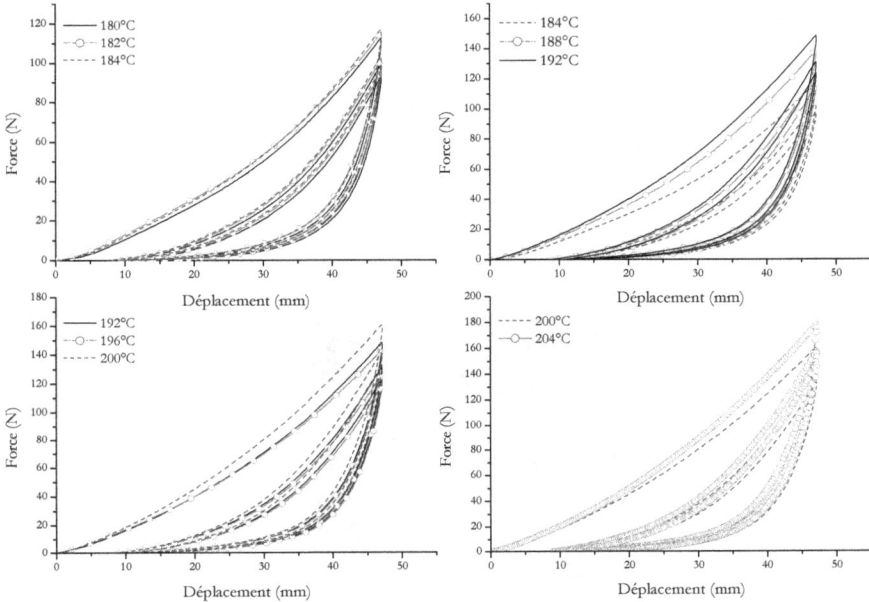

Figure II-6 : Courbes d'hystérésis pour différentes températures de thermofixation

En traçant l'énergie de déformation rémanente en fonction du temps et de la température (Figure II-7). On remarque que la température a une grande influence sur l'évolution de l'énergie rémanente. En effet, l'énergie de déformation rémanente augmente en fonction de la température jusqu'à ce qu'elle atteigne un palier de stabilisation. Cela peut être expliqué par le fait que l'énergie thermique permet de compenser la tendance de l'étoffe à retrouver sa géométrie initiale. L'effet de l'énergie thermique continue jusqu'à la saturation où une augmentation de la température n'apporte aucun bénéfice à l'étoffe mais au contraire elle commence à endommager le matériau. Puisque l'énergie se stabilise à partir d'une valeur limite, nous pouvons dire donc que l'étoffe se thermofixe à la température qui correspond au début du palier de stabilisation. Donc pour optimiser le processus, on approxime la température de thermofixation à 203°C pour cet échantillon. En revanche et comme l'illustre la Figure II-7 le paramètre temps n'a pas d'effet sur l'évolution de l'énergie rémanente. En traçant uniquement l'évolution de l'énergie en fonction du temps pour différentes valeurs de température, nous remarquant que la courbe est oscille autour

45

d'une valeur d'énergie moyenne. Ceci ne nous permet pas de conclure sur la valeur optimale du paramètre temps. Par contre, nous pouvons constater sur la courbe 3D qu'à 40s l'énergie rémanente converge plus rapidement vers la valeur limite. Par approximation, nous pouvons dire que le couple (203°C, 40s) est le couple optimal.

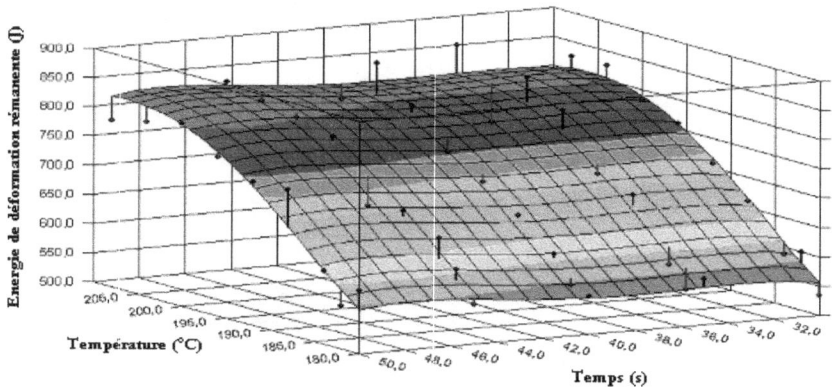

Figure II-7 : Evolution de l'énergie rémanente en fonction du temps et de la température

Pour confirmer notre approche, nous avons analysé l'effet de la température sur l'allongement résiduel de l'étoffe dans les deux directions (Figure II-8). Pour le temps de maintien nous présentons seulement les valeurs relatives au temps de maintien qui est égale à 40s. L'allongement résiduel est calculé de la façon suivante [**Bachmann 06**] :

$$A_{res} = \frac{D - 1.4\,d}{1.4\,d} \qquad (2.3)$$

où d et D représentent respectivement la longueur initiale et la longueur finale de l'étoffe. (D) prend la valeur de (D_x) ou de (D_y) et (d) prend la valeur de (d_x) ou de (d_y)

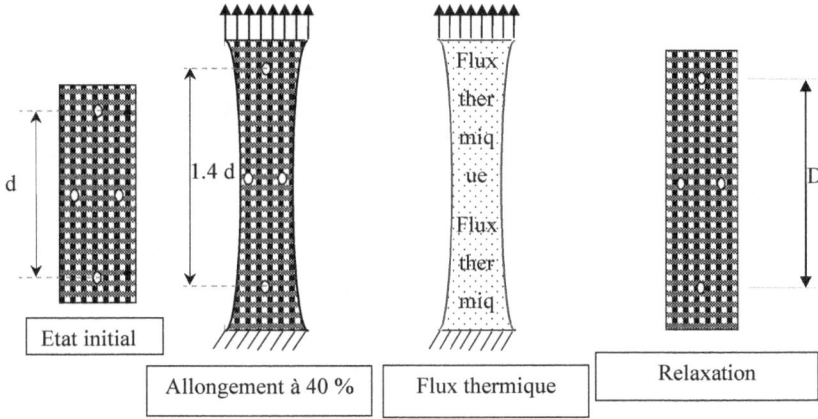

Figure II-8 : Taux de déformation lors de la thermofixation

Les Figures (Figure II-9 et Figure II-10) donnent l'évolution de l'allongement résiduel en fonction de la déformation rémanente dans les directions des colonnes et des rangées respectivement. D'après ces deux graphes, on peut tout d'abord constater l'influence du lavage sur l'allongement résiduel de l'étoffe. En effet, chaque fois qu'on lave l'étoffe elle se rétrécit jusqu'au 3ème lavage. C'est à partir de ce moment qu'on enregistre une stabilisation dimensionnelle et l'étoffe conserve ses dimensions même si on continue à la laver. On peut expliquer ce rétrécissement et cette stabilité par le fait que le lavage permet de supprimer des points de soudure entre mailles dus à la fusion de l'élasthanne. En même temps, le lavage apporte plus de souplesse au polyamide qui aura tendance à se rétrécir. En ce qui concerne la stabilité, elle se manifeste lorsque le lavage n'aura aucun effet sur l'élasthanne fusionné et sur l'élasticité du polyamide. Nous remarquons sur les courbes d'évolution (Figure II-10) que l'allongement résiduel dépasse la valeur de 0% ce qui parait impossible. Cette marge d'erreur est due au fluage thermique et elle peut être également due à plusieurs facteurs tels que les erreurs de mesure avant et après l'essai, comme cela peut être dû au fait que la déformation n'est pas homogène sur toute l'étoffe. Il est donc nécessaire de tenir compte de cette erreur pour déterminer la température optimale de thermofixation.

Comme nous l'avons expliqué ci-dessus, une étoffe thermofixée est l'équivalent d'une stabilité dimensionnelle. Puisque la déformation n'est pas réellement homogène tout au long de l'étoffe et dans les deux directions, on peut dire que l'état de thermofixation est synonyme d'une stabilisation de l'allongement résiduel qui peut se traduire par un palier sur la courbe. Pour ce qui concerne le choix de la courbe, nous estimons que les valeurs prises après 3 lavages et le séchage sont plus concluants puisque la variation entre les deux courbes est minimale.

En tenant compte de l'allongement résiduel après relaxation (après 3 lavages et séchage), on peut dire que la température de thermofixation de l'étoffe correspond à environ 203°C dans la direction des colonnes et environ 205°C dans la direction des rangées. Ceci nous donne une température moyenne égale à environ 204°C. Ce résultat confirme notre approche énergétique, qui est basée sur un calcul de l'énergie de déformation rémanente après thermofixation et après lavage.

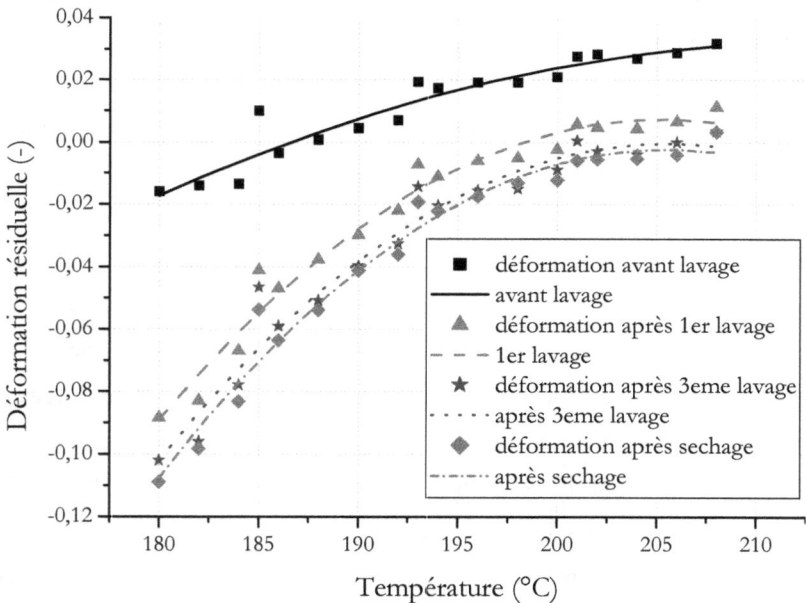

Figure II-9 : Allongement résiduel dans la direction des colonnes

48

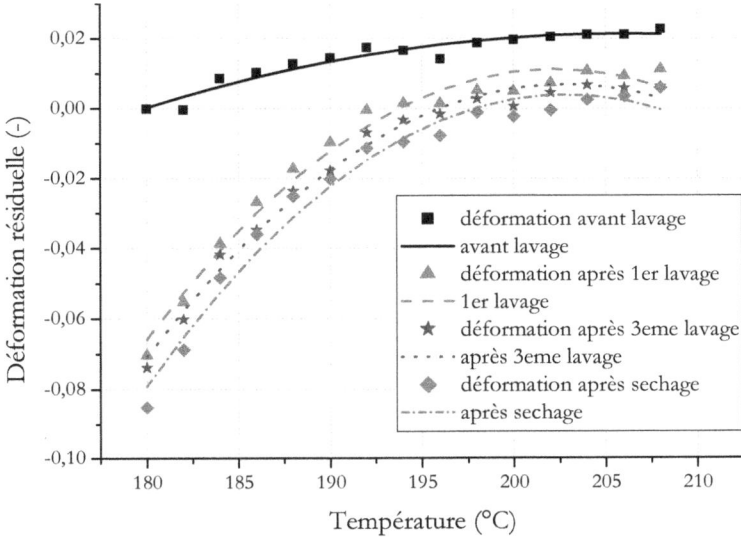

Figure II-10 : Allongement résiduel dans la direction des rangées

Dans cette étude sur la thermofixation des étoffes, nous avons pu constater qu'un flux thermique permet un apport d'une rigidité supplémentaire et une stabilité dimensionnelle. Cette stabilité ne peut être atteinte qu'à partir d'une température spécifique à l'étoffe. Nous avons vu aussi qu'en se basant sur une approche dite énergétique, nous pouvons déterminer la valeur optimale de la température nécessaire à la thermofixation et une estimation du temps de maintien optimal. Pour valider ces résultats, nous avons étudié l'évolution de la déformation résiduelle en fonction de la température et du nombre de cycle de lavage. Avec cette approche, nous avons pu constater que l'allongement résiduel décroît si le nombre de lavage augmente mais se stabilise à partir du troisième lavage. En analysant la courbe relative au séchage, nous remarquons que l'allongement résiduel atteint un palier qui est synonyme d'une stabilité dimensionnelle.

Les essais de thermofixation ont permet de définir l'énergie de déformation de l'étoffe, la déformation résiduelle en cas de chargement cyclique et aussi la déformation limite de la rupture. L'étude uniaxiale permet d'identifier le comportement de l'étoffe dans l'une des directions principales (colonne et rangée), par contre, une étude biaxiale permet d'enrichir le modèle et permet également de donner plus d'indication sur les caractéristiques mécaniques de l'étoffe dans les deux directions et particulièrement leur interaction (voir l'exemple des données de classification de deux type d'étoffes sur le Tableau II-1).

Référence		Jersey rectiligne	Maille simplex
Masse/m² $[g/m^2]$		70	154
Epaisseur [mm]		0,256	0,38
Densité maille	rangée	36	18
	colonne	22	19
Energie rémanente $[J]$	rangée	5,11	403,74
	colonne	15,42	289,40
Densité volumique d'énergie rémanente (E * ép) /masse $[J. m^3 / kg$	rangée	3194	170299
	colonne	9639	122070
Densité volumique d'énergie rémanente = (E * ép) /masse $[J. m^3/kg/$maille]	rangée	89	9461
	colonne	438	6425
Densité massique d'énergie rémanente E / (masse) $[J/kg]$	rangée	12477	448154
	colonne	37652	321236
Densité massique d'énergie rémanente E/(masse)$[J/kg/maille]$	rangée	347	24897
	colonne	1711	16907
Energie de déformation $[J]$	rangée	24,60	523,46
	colonne	47,03	348,33
Energie de déformation/ maille	rangée	0,68	29,08
	colonne	2,14	18,33
Module d'élasticité moyen $[Pa]$ calculé sur intervalle 40%	rangée	683	36906
	colonne	1565	19570

Tableau II-1 : Synthèse des caractéristiques de deux étoffes textiles

III. Caractérisation mécanique des étoffes

Au cours du cycle de fabrication d'article textile, l'étoffe est soumise à des contraintes fortes. Il est donc important que ses caractéristiques mécaniques lui confèrent une résistance suffisante : les essais portent sur la résistance au déchirement, la résistance à l'allongement, la résistance à la déchirure et la drapabilité.

A partir des essais dynamométriques, nous avons pu remarquer que les étoffes tissées possèdent une rigidité plus grande que celle des tricots à mailles cueillies (jersey) et plus petite que celle des tricots en mailles jetées. En effet, pour un tissu le fil subit un déplacement au cours duquel les ondulations du fils diminuent et ensuite c'est le fils qui subit l'allongement. Par contre, pour un tricot à mailles cueillies tel qu'un jersey, on trouve trois phénomènes (voir Figure II-11) :

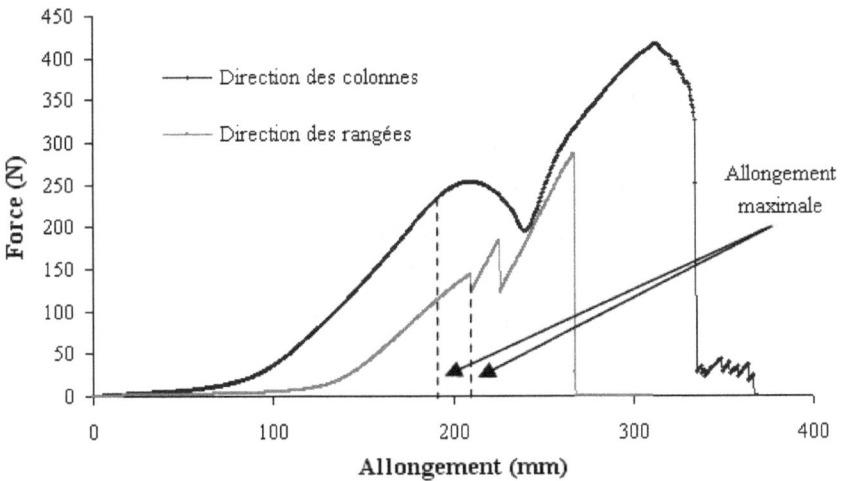

Figure II-11 : Essai de traction sur étoffe tricotée

- Le premier c'est la déformation de la maille (diminution de la surface occupée par une maille).
- Le deuxième c'est la diminution des ondulations.
- Le troisième phénomène c'est l'allongement des fils.

Pour un tricot à mailles jetées, chaque fil entraîne plusieurs mailles, ce qui donne à l'étoffe une résistance plus grande. En plus du paramètre structure, on trouve la densité de mailles, le titrage des fils et la composition (% de polyamide, % d'élasthanne, % de coton…) qui jouent un rôle important dans l'élasticité de l'étoffe. Vu la complexité du comportement des matériaux textiles et vu les interactions entre les différents paramètres, il est n'est pas facile de définir une caractéristique globale de l'étoffe à partir de laquelle on peut déterminer la capacité de déformation. Pour cela, nous allons essayer de trouver un critère global pour la caractérisation de l'étoffe ([**Blanlot 93**], [**Sabhi 94**], [**Gelin 94**], [**Boisse 94**], [**Cherouat 94**], [**Billoët 99**]).

III.1. Essai de traction uniaxiale

Le comportement en traction uniaxiale dépend de plusieurs paramètres, telle que le type du liage de l'étoffe, la densité de maille et également de l'hétérogénéité de l'étoffe. Pour mettre en évidence ces paramètres, différentes étoffes avec des liages et des compositions différentes ont été testées. Pour réaliser ces essais de traction, nous disposons de deux dynamomètres de capacités respectives 50 N et 500 N. Pour les dimensions de l'éprouvette nous nous sommes basés sur la norme AFNOR [**NF EN ISO 13934-1 99**], l'éprouvette de dimension 100 x 50 mm est soumise à une vitesse de chargement est de 240 mm/min. La Figure II-12 illustre la machine utilisée dans les trois configurations d'essai (initial, allongement et rupture) pour la caractérisation mécanique des étoffes.

Les courbes de réponses locales (contraintes-déformations) sont déduites des courbes globales (forces-déplacements) moyennant les équations suivantes en se basant sur l'hypothèse de conservation du volume :

$$\sigma = (1 + \varepsilon)\frac{F}{S_0} \quad ; \quad \varepsilon = \frac{\Delta L}{L_0} \qquad (2.4)$$

La section S_0 est calculée en fonction de la largeur de l'éprouvette (50 mm) et de l'épaisseur de l'étoffe. L'épaisseur moyenne des 5 mesures effectuées sous une pression de 0.1KPa est égale à 0.39 mm pour le taffetas et 0.65 mm pour le jersey.

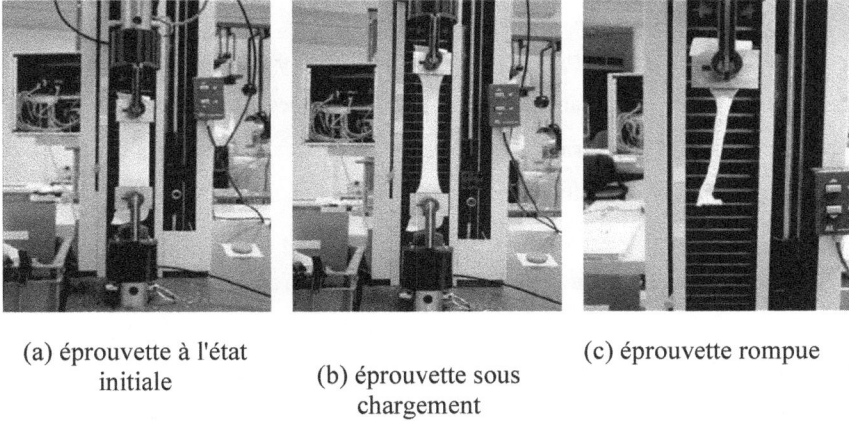

(a) éprouvette à l'état initiale

(b) éprouvette sous chargement

(c) éprouvette rompue

Figure II-12 : Chargement d'une étoffe en traction uniaxiale

III.1.1. Effet du volumique l'élasthanne sur les caractéristiques de l'étoffe

La plupart des étoffes fabriquées à destination de la mise en forme contiennent un certain pourcentage d'élasthanne pour l'amélioration des caractéristiques de l'étoffe en déformation tridimensionnelle. Il est nécessaire de mentionner que la densité en élasthanne influence d'autres paramètres comme la densité de maille, la longueur du fils utilisée par maille pour les étoffes tricotées. Dans cette étude, les étoffes testées sont des tricots en jersey fabriqués par du polyamide 6.6 et de l'élasthanne guipé. L'élasthanne qui est connu sous le nom technique polyuréthanne et le polyamide 6.6 sont tous les deux des polymères mais de structure moléculaire différente. Afin de déterminer la quantité effective de chaque matériau, nous utilisons un procédé chimique pour la quantification exacte des pourcentages de l'élasthanne. Une étoffe tricotée en jersey contient alors Ve % en élasthanne et (1-Ve) de polyamide 6.6.

La Figure II-13 illustre l'effet du pourcentage volumique de l'élasthanne ($V_e =$ 0 à 100% en passant par 3.95%, 8.55% et 11.5%) sur les allongements et les forces maximales de rupture des étoffes. La première conclusion qu'on peut tirer de cette étude est que plus le pourcentage volumique en élasthanne augmente plus la déformation à la rupture est grande. Par contre l'effort enregistré à la rupture n'est pas proportionnel au pourcentage en élasthanne. En effet, les fils d'élasthanne sont beaucoup plus élastiques que les fils de polyamide et permettent de donner à l'étoffe plus d'aptitude de déformation. Cependant, l'effort maximal enregistré à la rupture correspond à l'étoffe contenant 3.95% d'élasthanne alors que l'effort le plus faible à la rupture correspond à l'étoffe contenant 100% d'élasthanne. D'après le Tableau II-2, on note également qu'une faible quantité d'élasthanne a un apport considérable sur la capacité de déformation de l'étoffe puisque en passant de 0% à 3.95%, la déformation à la rupture s'élève d'environ 70%. Au niveau de l'allure des courbes, nous pouvons distinguer des phases de chargement non linaire sur les différentes courbes à l'exception de l'étoffe composée de 100% d'élasthanne qui reste quasiment linéaire avec une force assez faible à la rupture pour un allongement assez important.

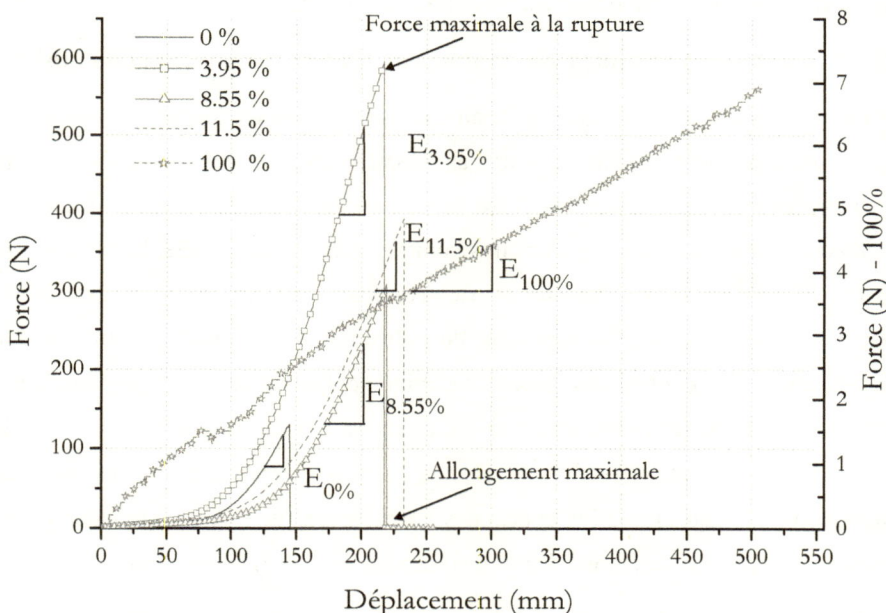

Figure II-13 : Courbes de traction uniaxiale en fonction du pourcentage Ve d'élasthanne

Le module d'élasticité représente le module tangent en fin de courbe. En effet, il est nécessaire de connaître la capacité maximale de l'étoffe malgré que l'étoffe n'atteigne pas la limite de chargement maximale.

	Jersey 1	Jersey 2	Jersey 3	Jersey 4	Jersey 5
Masse volumique d'élasthanne [%]	0	3.95	8.55	11.5	100
Allongement maximal [%]	139	211	214	228	525
Force à la rupture [N]	126	593	303	391	7
Module d'élasticité en fin de courbe [MPa]	4.15	47.02	31.68	33.47	0.108
Contrainte à la rupture [MPa]	8.69	42.35	7.31	7.08	.66
Energie de déformation [J]	3.99	34.74	14.451	22.19	1.88

Tableau II-2 : Caractéristiques mécaniques pour différentes compositions en élasthanne

III.1.2. Effet de la structure de la maille sur les caractéristiques de l'étoffe

Le comportement en traction est très dépendant du type de liage de l'étoffe et en général les étoffes tricotées sont plus souples que les étoffes tissées **[Pan 96] et [Hagège 04]**, mais on peut trouver des exceptions. Pour étudier l'influence de la structure interne sur le comportement de l'étoffe en traction uniaxiale, des essais ont été réalisés sur des tissus et des tricots. Les étoffes testées sont les suivantes :

• Une étoffe tricotée de type jersey composée de 74% de polyamide et 26% d'élasthanne non guipé.

• Une étoffe tissée de type taffetas composé de 72% de polyamide et 28% d'élasthanne guipé. Le taffetas est non équilibré car les fils de la direction des chaînes sont différents de ceux de la direction des trames.

Au niveau de la composition des étoffes, il y a une légère différence entre les deux étoffes ce qui pourra influencer le comportement en traction. On considère dans cette étude que son impact est faible par rapport à celui du liage de l'étoffe. La Figure II-14 présente les images des deux structures d'étoffes obtenues par microscope à balayage électronique (MEB). Sur cette figure on constate que les fils utilisés pour la fabrication de l'étoffe en jersey ont une section plus faible que celle des fils du taffetas. Sur la structure du jersey on distingue que les mailles sont plus denses par rapport au taffetas. En effet, à l'état de relaxation, on distingue la forme des mailles de jersey alors que sur la structure du taffetas on ne distingue pas la géométrie des mailles et on ne voit que les fibres enchevêtrées. La différence entre les deux étoffes se situe au niveau des fibres qui sont tendues dans les tricots et relaxées dans la structure interne du taffetas. Les figures (Figure II-15 et Figure II-16) présentent les structures des deux étoffes à 20% déformation. Sur les deux premières images qui présentent un allongement dans la direction des rangées et des trames, nous constatons pour le tricot que les colonnes deviennent plus espacées et les fibres des fils sont plus tendues ce qui augmente la porosité dans les mailles. Pour le taffetas on remarque également que les fils des trames sont redressés ce qui nous permet de distinguer la forme des mailles du tissu. Sur les deux dernières images présentant l'allongement des étoffes suivant les colonnes et les chaînes, nous constatons que l'espace entre les colonnes est réduit par l'effet de Poisson alors que les fils deviennent plus redressés. De même, sur le taffetas, on remarque que les fils de chaîne sont bien redressés par rapport à ceux des trames ce qui nous permet de distinguer leurs formes ainsi que la géométrie de la maille.

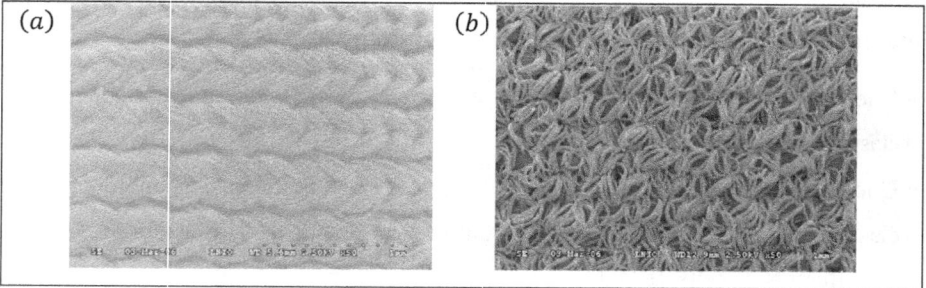

Figure II-14 : Structures de l'étoffe à l'état de initial : (a) structure tricotée (b) structure tissée

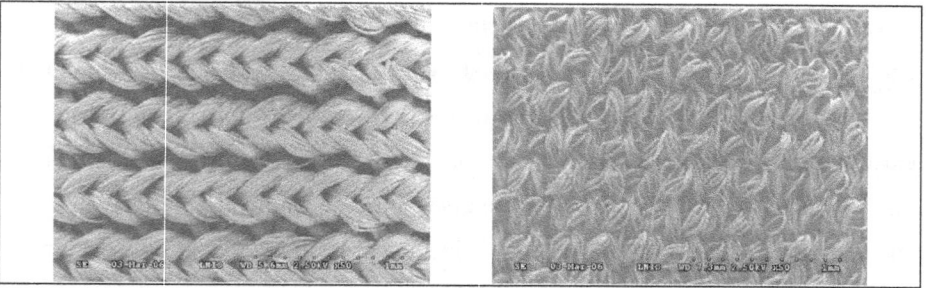

Figure II-15 : Déformation longitudinale de l'étoffe : (a) tricot direction rangée (b) tissu direction trame

Figure II-16 : Déformation transversale de l'étoffe : (a) tricot direction colonne (b) tissu direction chaîne

La Figure II-17 illustre les courbes de traction appropriées aux étoffes testées dans les deux directions principales (rangée et colonne) pour le jersey et (chaîne et trame) pour le taffetas. Selon les courbes de traction dans la direction chaîne et colonne, on peut constater que l'étoffe en taffetas est moins déformable par rapport à l'étoffe tricotée.

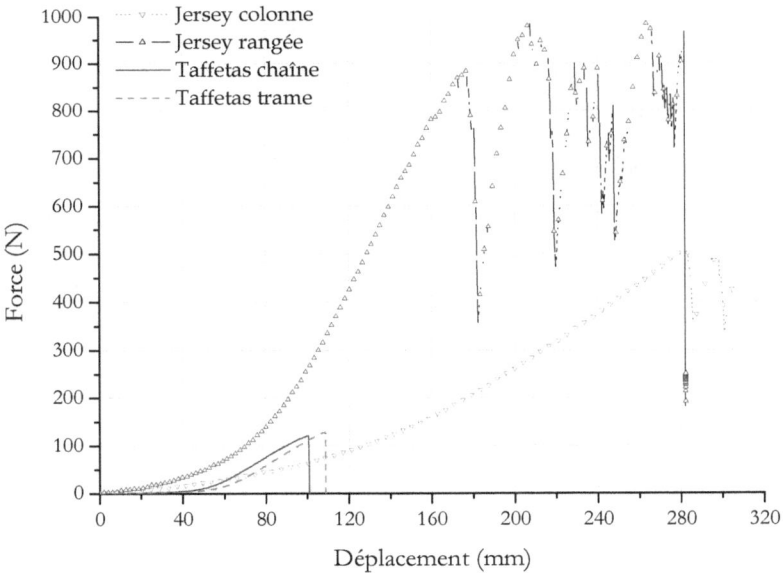

Figure II-17 : Courbe de traction uniaxiale pour taffetas et jersey dans les deux directions principales

Durant la première phase de chargement (environ 30 mm de déplacement), les courbes sont quasiment les mêmes. Pour chacune des étoffes, les fils se redressent mais ne se déforment pas. Pour le taffetas, cette phase correspond au redressement des fils alors que pour le tricot c'est la déformation de la maille. La différence de comportement devient de plus en plus accentuée lorsqu'on dépasse les 40 mm de déplacement. En effet, pour un taffetas les fils sont plus redressés par rapport à ceux d'un tricot et c'est les fils qui encaissent le chargement alors que pour un tricot la phase de déformation de la maille se fait sur un intervalle de déplacement plus grand. La rupture de l'étoffe tissée se produit à des valeurs de déplacement très proches soit environ 102 mm pour les chaînes et 108 mm pour les trames. Par contre pour le tricot, la rupture se produit à des déplacements différents, l'étoffe se rompe à 185 mm pour la direction colonne et à 285 mm pour la direction rangée.

En comparant, les 4 courbes dans la phase finale qui représente un chargement direct des fils des étoffes et qui se manifeste par la partie linéaire de la courbe, on peut constater la différence au niveau du module d'élasticité qui représente la pente de la partie linéaire (Tableau II-3). Ces valeurs montrent que l'étoffe tissée est moins rigide que le tricot dans la direction colonne. En comparant les comportements des deux directions pour chaque étoffe nous constatons :

• La direction chaîne celle de trame ont quasiment le même comportement. En fin de courbe, on trouve quasiment le même module d'élasticité. Cependant, on enregistre un allongement plus faible pour la direction chaîne puisque à l'état initial les fils de chaîne sont redressés alors que ceux de la direction trame sont ondulés ce qui crée la différence au niveau de l'allongement. En effet lors de la fabrication d'une étoffe tissée c'est les fils de chaîne qui sont tendus puis c'est les fils de trames qui s'enchevêtrent avec les chaînes pour former le tissage.

• La direction des colonnes est également plus rigide que celle des rangées puisque la maille d'un tricot a plus d'aptitude à la déformation selon sa direction transversale que dans la direction longitudinale. Dans le premier cas le chargement est presque encaissé par les fils alors que dans le deuxième cas les mailles forment une sorte de ressort dont les lamelles sont formées par les colonnes de l'étoffe.

• Le module d'élasticité est déterminé par rapport à la section initiale de l'étoffe.

	Taffetas (chaîne)	Taffetas (trame)	Jersey (colonne)	Jersey (rangée)
Déformation à la rupture [%]	100.8	108.5	182.9	281
Force à la rupture [N]	120	126	896	501
Contrainte à la rupture [MPa]	8.5	9	51.2	28.62
Module d'élasticité [MPa]	12.97	13.05	27.02	9.21

Tableau II-3 : Caractéristiques mécaniques pour différents liages

III.1.3. Effet des directions des fibres sur les caractéristiques des étoffes

Pour étudier l'effet de l'angle de direction des fils par rapport aux axes principaux de chargement nous proposons de traiter 3 essais de traction avec 3 angles de directions différentes (0°, 45° et 90°) définies par rapport à la direction des chaînes (voir Figure II-18 et Figure II-19).

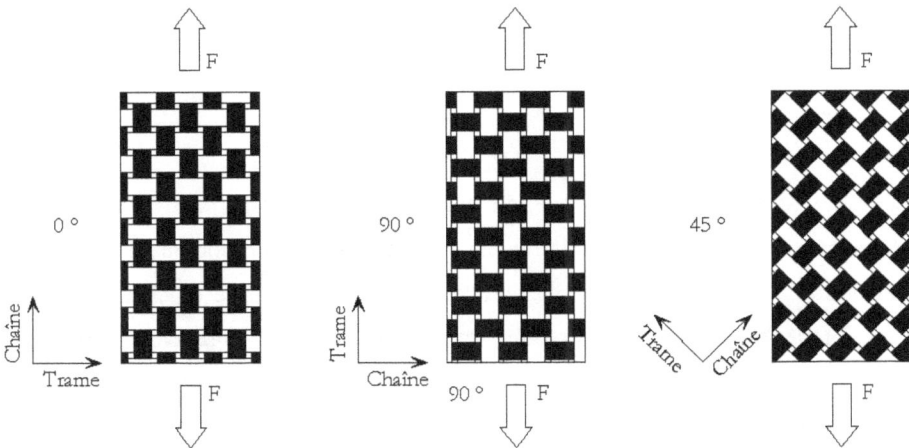

Figure II-18 : Disposition des éprouvettes en traction pour une étoffe en taffetas

La Figure II-19 illustre la variation de la courbe de comportement en traction uniaxiale en fonction de l'angle de chargement. Ce type de chargement est équivalent à un chargement en cisaillement puisque la maille rectangulaire d'une étoffe tissée est transformée en losange. Le module d'élasticité qui représente la pente de la partie linéaire de la courbe de traction en biais est inférieur à celui des deux directions principales il est égale à environ 11.74 MPa. Ce module de cisaillement de l'étoffe montre que l'étoffe possède une faible rigidité en cisaillement par rapport à la rigidité en traction.

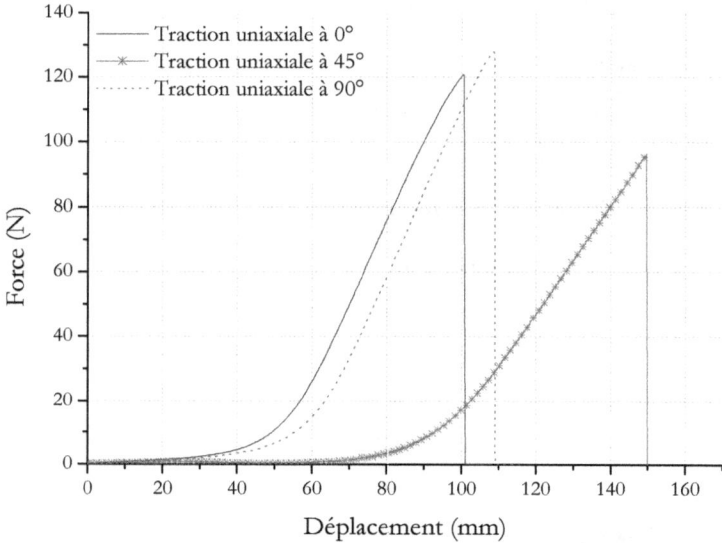

Figure II-19 : Courbe de traction uniaxiale pour une étoffe en taffetas

Les résultats obtenus montrent que le comportement des étoffes textiles souples doit prendre en compte, l'effet de l'élasthanne qui provoque un comportement hétérogène, l'anisotropie de l'étoffe due à la méthode de tissage, et le type de chargement. De plus, il faut noter l'effet de la structure interne de l'étoffe sur la réponse globale. Par exemple pour une étoffe tricotée en jersey avec une composition de 74 % de polyamide 6.6 et 26% d'élasthanne, on montre à travers les courbes de traction uniaxiale (Figure II-21) que la courbe à 45° se situe entre les courbes respectives des deux directions principales 0° et 90°. Contrairement aux structures tissées, les étoffes tricotées ont un module de traction plus grand.

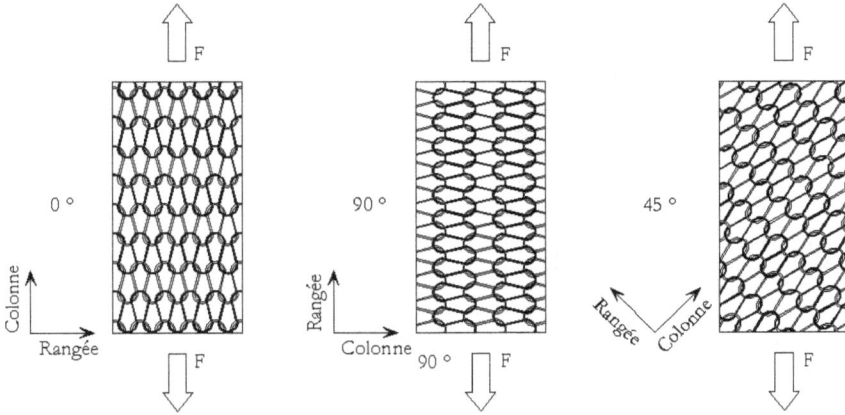

Figure II-20 : Disposition des éprouvettes en traction pour une étoffe en jersey

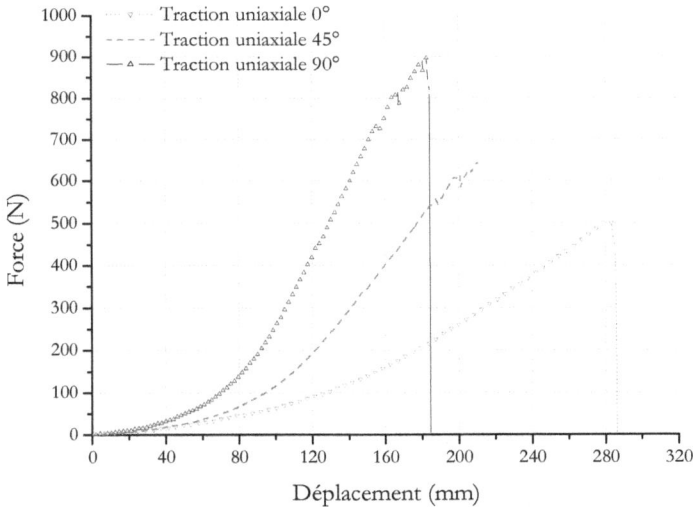

Figure II-21 : Courbe de traction pour une étoffe tricotée en jersey

En conclusion, on peut dire que le comportement d'une étoffe est très dépendant de la structure interne, de la composition est aussi de la direction de chargement. Afin de mieux cerner le comportement de ces étoffes, il est nécessaire de mettre en évidence le comportement en traction biaxiale ce qui permettra de caractériser l'interaction entre les fibres. Les caractéristiques mécaniques des étoffes sont données sur le Tableau II-4.

	Taffetas 0°	Taffetas 45°	Taffetas 90°	Jersey 0°	Jersey 45°	Jersey 90°
Déformation à la rupture [%]	100.8	96	108.5	182.9	210.6	281
Force à la rupture [N]	120	149	126	896	642	501
Contrainte à la rupture [MPa]	8.57	10.64	9	51.2	36.68	28.62
Module d'élasticité [MPa]	12.97	14.82	13.05	27.02	16.69	9.21

Tableau II-4 : Caractéristiques mécaniques pour différentes directions de chargement

III.2. Essais de traction biaxiale des étoffes

Pour la réalisation des ces essais de traction biaxiale, nous disposons d'un dynamomètre triaxiale avec $5(1/2)$ axes équipés de capteurs de capacité 20 KN avec une haute fréquence d'enregistrement, deux suivant l'axe X, deux suivant l'axe Y et un suivant l'axe Z. Chaque demi-axe peut se déplacer sur un intervalle de 0 à 350 mm avec une vitesse pouvant atteindre 40 mm/s en pleine charge (Figure II-21) à l'exception du demi-axe suivant Z qui est limité à un déplacement de 200 mm. Ce dynamomètre est également équipé d'une caméra extensométrique permettant d'une part le centrage de l'étoffe ce qui permet de stabiliser le centre de l'étoffe et d'une autre part elle permet de mesurer la déformation dans la zone centrale de l'éprouvette.

Figure II-22 : Dynamomètre multi-axes pour la caractérisation biaxiale des étoffes

La forme de l'éprouvette est carrée de dimension 250 x 250 mm. Pour éviter les plis et les zones de concentration de contraintes, on arrondit l'éprouvette au niveau des 4 coins avec un rayon de 50 mm (Figure II-22). La longueur effective soumise à la traction après l'emplacement de l'éprouvette sur les pinces, est de 200 mm dans les deux directions X et Y. Afin de déterminer la déformation dans la région centrale de l'éprouvette, on fait un marquage de 9 points pour repérer la zone déformable. La caméra permet de suivre la déformation de cette partie de l'éprouvette et le système d'acquisition permet d'enregistrer les valeurs Δx et Δy en temps réel.

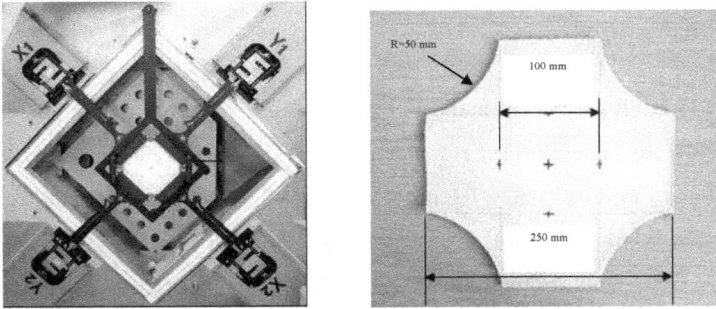

Figure II-23 : Dispositif expérimental biaxial et éprouvette de caractérisation

L'objectif est de déterminer les caractéristiques intrinsèques des étoffes dans le cas d'un chargement biaxial avec prise en compte de l'interaction entre les deux directions de l'étoffe. Dans cette étude, trois cas de chargement sont réalisés :

- Traction biaxiale équilibrée
- Traction biaxiale non équilibrée Mode I
- Traction biaxiale non équilibrée Mode II

III.2.1. Traction biaxiale équilibrée

La traction biaxiale simultanée consiste à tirer l'éprouvette dans deux directions avec la même force (voir Figure II-24). Contrairement à la traction uniaxiale, la déformation de l'étoffe n'est pas calculée en fonction du déplacement des pinces mais plutôt par caméra d'extensométrie qui localise les déplacements dans la zone centrale de l'éprouvette.

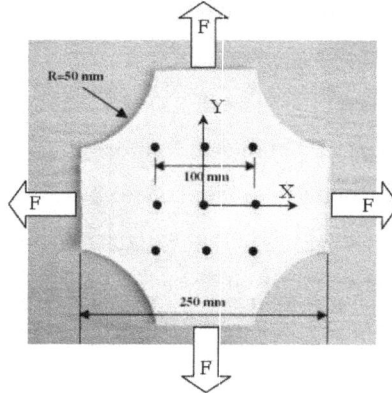

Figure II-24 : Traction biaxiale équilibrée

La Figure II-25 illustre le résultat de l'essai de traction biaxiale simultanée jusqu'à la rupture réalisé sur une étoffe tricotée en jersey rectiligne à 77% de polyamide et 26% d'élasthanne. Cet essai est effectué avec une vitesse de chargement égale à 240 mm/min. Sur cette figure on remarque que la déchirure s'est amorcée à 45°. Ce phénomène est peut être dû à une zone de concentration de force ou aussi au démaillage de l'étoffe qui enclenche la déchirure. Avant la rupture totale de l'étoffe, une deuxième déchirure s'enclenche au niveau des pinces. Les Figures II-26 et II-27 représentent les évolutions de la force de traction biaxiale équilibrée, avec un déplacement synchronisé sur les deux directions on peut remarquer que les rangées de l'étoffe sont plus rigides. La rupture s'enclenche quasiment en même temps à 45° par rapport aux deux directions colonnes et rangée.

Figure II-25 : Dispositif expérimental biaxial : chargement et rupture en traction biaxiale

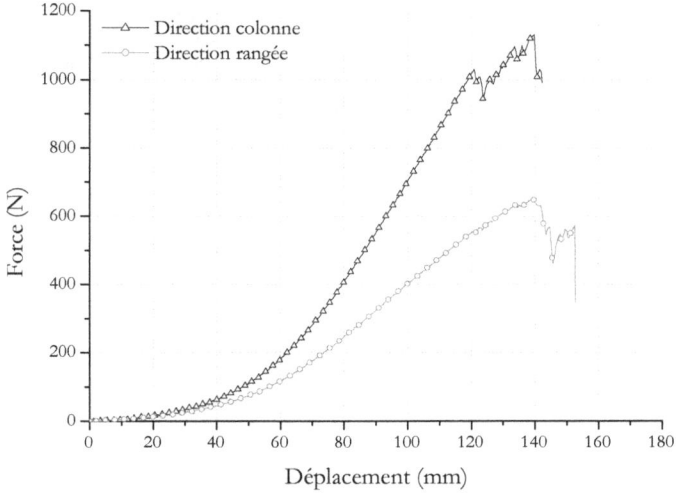

Figure II-26 : Courbes de réponse globale pour essai de traction biaxiale simultanée (Jersey)

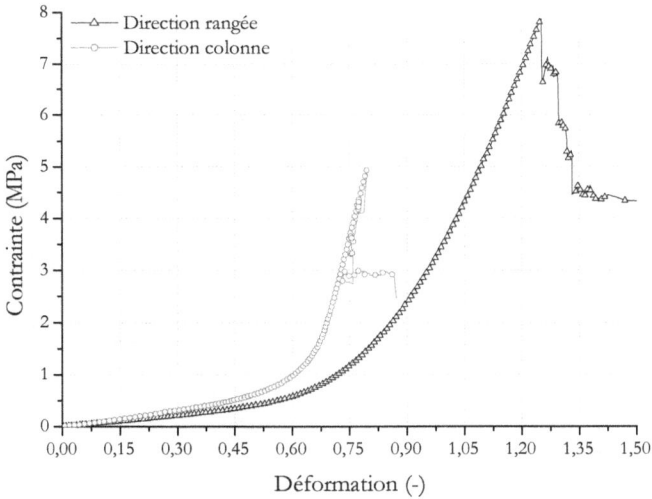

Figure II-27 : Courbes de réponse locale pour essai de traction biaxiale simultanée

D'après les courbes de réponses globales, nous déduisons les valeurs de l'énergie de déformation absorbée dans les deux directions principales de l'étoffe. Nous trouvons qu'elle est égale à 39.17 J pour la direction des rangées et 28.32 J dans la direction des colonnes. Ces valeurs montrent que l'étoffe possède plus de capacité de

65

déformation suivant les rangées avec un module d'élasticité supérieur à celui des colonnes. Mêmes conclusions qualitatives sauf que pour une traction simultanée on constate que la capacité de déformation diminue. Cette diminution des capacités de déformation revient à l'interaction entre les deux directions de la maille. En effet, lors de la traction uniaxiale, l'allongement suivant l'une des directions est compensée par un rétrécissement suivant l'autre alors que dans le cas de la traction biaxiale simultanée les deux directions sont soumises à la même vitesse de chargement. L'étoffe se déforme donc jusqu'à l'état ou les mailles deviennent déformées dans les deux directions est dans ce cas ce sont les fibres qui encaisse le chargement ce qui entraîne la rupture. De même, on peut expliquer la diminution des déformations à la rupture par l'effet des ondulations. En effet, lors de la déformation suivant l'une des directions en traction uniaxiale, les fils deviennent totalement redressés alors que sur ceux de la direction transverse on enregistre une augmentation des ondulations. Par contre dans le cas de la traction biaxiale, les fils ont tendance à se redresser dans chaque direction ce qui limite l'intervalle de la déformation. Les caractéristiques mécaniques des étoffes en traction biaxiale équilibrée sont données dans le Tableau II-5.

	Direction rangée	Direction
Déformation à la rupture [%]	132	80
Déplacement à la rupture [mm]	80	80
Force à la rupture [N]	620	1180
Contrainte à la rupture [MPa]	35.42	67.42
Module d'élasticité [MPa]	15.72	27.79

Tableau II-5 : Caractéristiques mécaniques pour essai de traction biaxiale simultanée

Pour le calcul des contraintes, on se base sur les mesures de la section initiale de l'étoffe définie par la largeur et l'épaisseur de l'étoffe.

III.2.2. Traction biaxiale non équilibrée en mode I

Le deuxième mode de déformation en traction biaxiale consiste à bloquer l'éprouvette par des pinces dans une direction et à soumettre l'autre direction à un chargement progressif (voir Figure II-28).

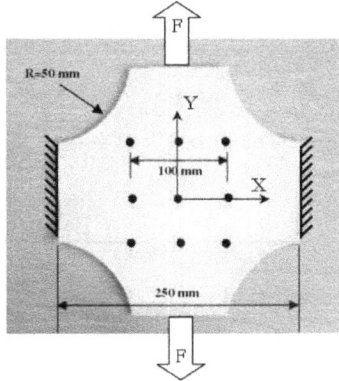

Figure II-28 : Traction non équilibrée mode I

La Figure II-29 représente le cas d'un chargement suivant les rangées alors que les pinces de la direction des colonnes restent fixes et la Figure II-30 représente le cas inverse. Dans le premier cas, on remarque que la force de rétrécissement peut atteindre 150 N à la rupture de l'étoffe ce qui représente l'effet de l'interaction entre les fils de l'étoffe. On note également que la force atteinte à la rupture ainsi que la déformation limite sont plus grandes que celles de la traction simultanée. Pour le deuxième cas, la force de réaction au rétrécissement est plus grande et elle atteint 225 N à la rupture. Contrairement au premier cas, la force à la rupture est similaire à celle de la traction simultanée mais par contre on enregistre une déformation plus grande. On peut dire donc que le fait de fixer une direction laisse une marge pour le déplacement des pinces de l'autre direction et ainsi pour la déformation de l'étoffe. Ce type d'essai montre les capacités de déformation des étoffes dans le cas d'un essai de mise en forme non équilibré comme le cas de l'emboutissage d'une forme cylindrique ou on enregistre le maximum de déformation suivant la génératrice du cylindre et non pas suivant sa hauteur (exemple de mise en forme d'un support pour bouteille voir Chapitre V). Donc si on veut mettre en forme ce type d'étoffe il vaut mieux placer la direction des rangées suivant le contour de la génératrice et la direction colonne suivant la hauteur. Les caractéristiques mécaniques sont données dans le Tableau II-6.

	1er cas		2ème cas	
	Direction rangée	Direction colonne	Direction rangée	Direction colonne
Déplacement à la rupture [mm]	168	0	0	174
Force à la rupture [N]	1180	170	260	550
Contrainte à la rupture [MPa]	67.42	9.71	14.85	31.42

Tableau II-6 : Caractéristiques mécaniques pour essai de traction biaxiale non équilibrée en mode I

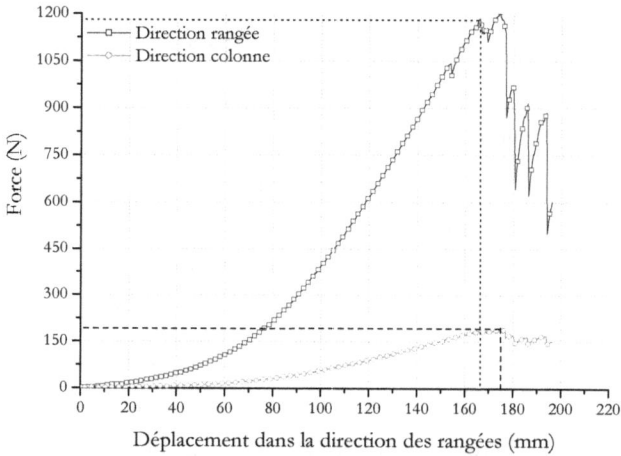

Figure II-29 : Courbes de traction biaxiale non équilibrée (direction des colonnes fixe)

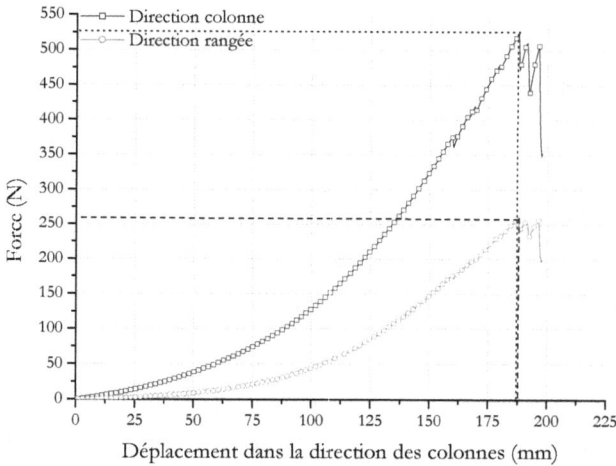

Figure II-30 : Courbes de traction biaxiale non équilibrée (direction des rangées fixe)

68

Sur les Figures II-31 et II-32, on compare les réponses globales d'essais de traction uniaxiale et biaxiale. Sur cette figure on peut constater que :

• Dans le cas de traction uniaxiale l'étoffe a plus d'aptitude à la déformation dans les deux directions. En effet, les fils dans la direction du chargement ont tendance à se redresser alors que la direction transverse on enregistre plus d'ondulation.

• Dans le cas d'une traction biaxiale simultanée on enregistre une diminution de la déformation limite à la rupture dans les deux directions contre une augmentation des forces à la rupture due à l'interaction entre les fils de la maille. En effet, les efforts exercés sur les deux directions empêchent les fils de se redresser en plus de l'augmentation de la friction entre les fils. Ce type d'essai permet de prévoir les vraies capacités de déformation de l'étoffe surtout pour la mise en forme avec des étoffes symétriques

• La traction biaxiale non équilibrée avec le mode I permet de prévoir les capacités de déformation de l'étoffe dans le cas d'un emboutissage utilisant des outils non symétriques ce qui provoque un déséquilibre de la déformation. Ce type d'essai permet donc de prévoir le positionnement de l'étoffe afin d'éviter les déchirures brutales.

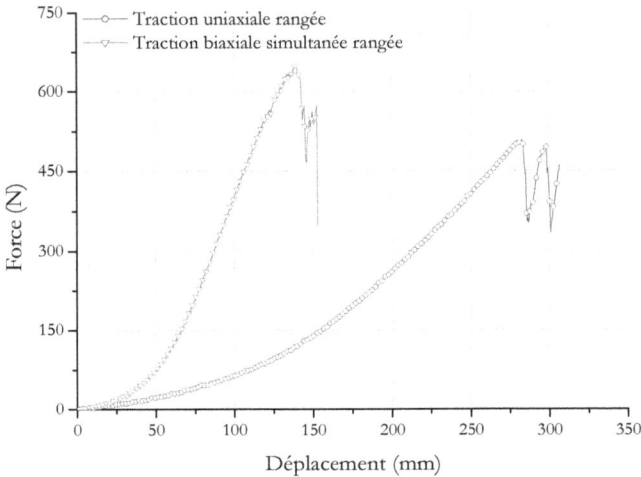

Figure II-31 : Comparaison entre traction uniaxiale et biaxiale simultanée direction rangée

69

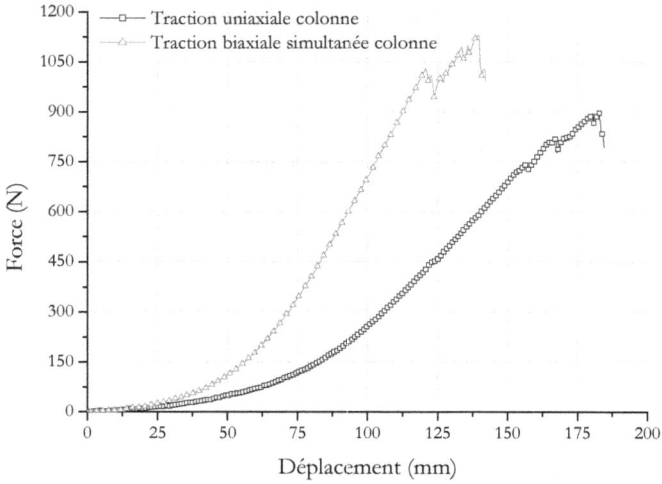

Figure II-32 : Comparaison entre traction uniaxiale et biaxiale simultanée direction colonne

III.2.3. Traction biaxiale non équilibrée en mode II

La traction non équilibrée est équivalente à une traction uniaxiale. La seule différence c'est que les pinces de la direction transversale permettent de garder la surface de l'étoffe dans le plan pour une bonne précision de mesure de la déformation. Cet essai permet de définir par approximation les coefficients de poisson de l'étoffe Le troisième mode de traction biaxiale permet de définir le coefficient de contraction (coefficient de Poisson) dans les deux directions principales de l'étoffe (Figure II-33). Cet essai consiste à effectuer une traction uniaxiale mais les bords de la direction transversale sont attachés par des pinces qui se déplacent suivant le rétrécissement de l'étoffe pour garder une force nulle. La mesure des variations Δx et Δy se fait par l'intermédiaire de caméra au centre de l'éprouvette. La déformation longitudinale est en traction (positive) alors que celle qui correspond au rétrécissement est en compression (négative).

$$\nu = \frac{\varepsilon_y}{\varepsilon_x} \tag{2.5}$$

où ε_x et ε_y représente respectivement les déformations longitudinale et transversale.

La Figure II-33 illustre l'évolution de la déformation transversale en fonction de celle de la direction longitudinale. On constate que le coefficient de Poisson, calculé par l'équation (2.5), dans la direction des colonnes est plus faible que celui des rangées ils sont respectivement égaux à 0.37 et 0.43. Ceci montre que l'étoffe a plus de rétrécissement lorsqu'elle est sollicitée en traction uniaxiale dans la direction rangée ce qui nous permet de définir également le positionnement de l'étoffe en cas de mise en forme. Par exemple dans le cas d'un emboutissage et pour avoir le minimum de rétrécissement, il faut placer les colonnes dans la direction qui est sensée avoir plus de déformation.

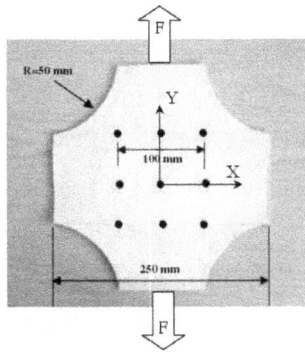

Figure II-34 : Sollicitation en traction uniaxiale

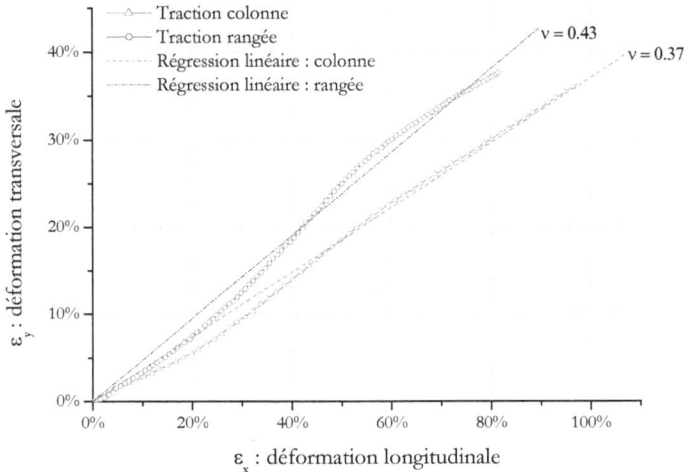

Figure II-35 : Coefficient de contraction dans les deux directions de l'étoffe

IV. Essai de mise en forme à froid et à chaud

En plus des essais de traction uniaxiale et biaxiale qui permettent de caractériser l'aptitude de déformation des étoffes dans leur plan, les essais de mise en forme permettent de déterminer l'aptitude de déformabilité de l'étoffe en 3D. En effet, lors de la mise en forme l'étoffe est soumise à des modes de déformations différents de ceux du plan. Le but des essais tridimensionnels est de prévoir la faisabilité d'un essai d'emboutissage pour éviter les problèmes de rupture et de déchirure.

Pour réaliser un essai d'emboutissage, on dispose du dynamomètre à 5(1/2) axes, d'un conformateur de forme hémisphérique qui est monté sur l'axe Z et d'une matrice pour supporter les forces normales appliquées sur les pinces lors du déplacement du conformateur (Figure II-35) Lors de l'emboutissage, l'étoffe est fixée par les 4 pinces sur le plan XOY. Afin d'étudier l'influence de la température sur les capacités de mise en forme, on réalise des essais à chaud et à froid et on compare la réaction du conformateur. Les essais sont réalisés jusqu'à la rupture pour tester la capacité de déformation et également par chargement et déchargement pour étudier le retour élastique de l'étoffe et la déformation résiduelle rémanente. Les conditions de l'essai d'emboutissage sont les suivantes :

• L'étoffe est un tricot de maille simplexe 100% de polyester. C'est une maille très rigide en traction et a tendance à se plastifier et à garder une déformation résiduelle assez importante.

• L'éprouvette a la même forme et les mêmes dimensions de celle utilisée dans l'essai de traction biaxiale.

• La vitesse de déplacement de l'axe Z est de 1 mm/s pendant le chargement et 4 mm/s pendant le déchargement.

• Pour les dimensions des outils : le poinçon hémisphérique a un rayon de 60 mm et la matrice a un rayon de 65mm.

Le conformateur   Accessoire de moulage : matrice
chauffant

Figure II-36 : Outillages de mise en forme par emboutissage hémisphérique

La Figure II-36 représente les courbes de chargement et de déchargement lors de l'emboutissage. Elle illustre la force d'emboutissage qui atteint une valeur de 600 N tout en restant dans les limites de déformabilité de l'étoffe. Sur La Figure II-36 on peut remarquer que lors du chargement les valeurs de force enregistrées sur les deux axes du plan x et y sont différentes ce qui est dû à l'anisotropie de l'étoffe. Cette anisotropie est due essentiellement type de liage de l'étoffe. Dans les deux directions, les réactions des pinces n'atteignent pas les forces maximales de rupture. Au niveau du déplacement résiduel mesuré sur le poinçon après le déchargement et lorsque la force de réaction est quasiment nulle, on enregistre un déplacement rémanent de l'ordre de 35 mm. Ce déplacement qui est dû à la plastification de l'étoffe a tendance à diminuer après la relaxation de l'étoffe pour atteindre une valeur plus faible de l'ordre de 15 mm, c'est l'effet du rétrécissement.

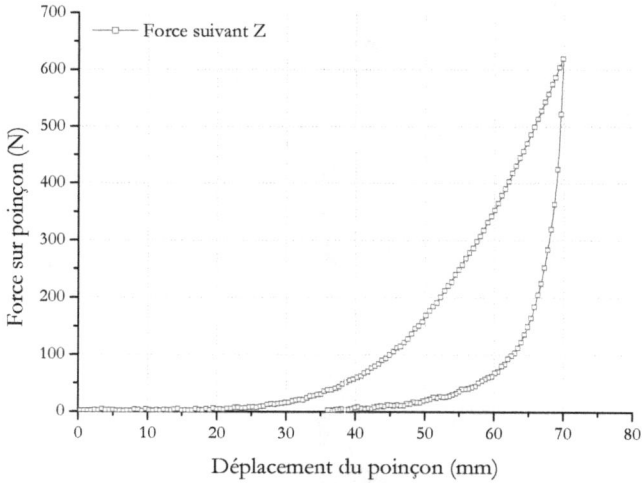

Figure II-37 : Force d'enfoncement du poinçon

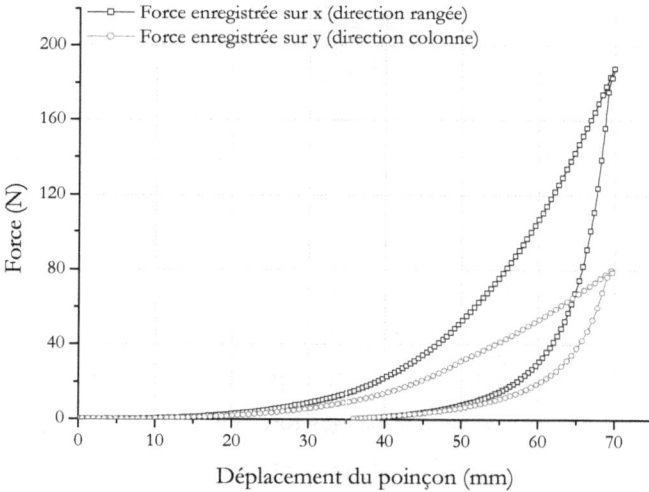

Figure II-38 : Force de réaction sur les pinces de fixation

Comme on l'a mentionné dans la première section de ce chapitre, la mise en forme d'une étoffe se fait à chaud afin de conserver la géométrie et les dimensions souhaitées de l'étoffe. Pour cela nous étudions deux exemples d'emboutissage. Le premier est fait à la température ambiante de 20°C et le second à 204°C. Pour la réalisation de l'essai d'emboutissage à chaud, le conformateur est chauffé à la température souhaitée par l'intermédiaire de deux résistances thermo régulées. Avec cette méthode c'est seulement la partie qui est en contact avec la surface du poinçon qui sera chauffée à la température souhaitée l'autre partie de l'étoffe sera chauffée par convection à une température plus faible. La Figure II-38 illustre une comparaison entre les deux courbes d'emboutissage enregistrées à chaud et à froid avec un chargement appliqué jusqu'à la rupture. Sur la courbe d'emboutissage à 25°C, la première déchirure s'est produite à 72 mm de déplacement du poinçon. La rupture finale s'est produite à 98 mm. Par contre, à chaud on constate que la première déchirure se produit à 87 mm et la rupture totale se produit à 96 mm. On peut constater alors que l'étoffe devient plus molle lorsqu'on la chauffe au dessus de la température ambiante. Elle devient ainsi plus déformable tout en nécessitant une force plus faible pour une même déformation. Le chauffage de l'étoffe permet donc d'un coté de la rendre plus déformable et de l'autre coté de la thermofixer. Pour se mettre dans les conditions réelles de mise en forme il est nécessaire de réaliser l'essai d'emboutissage à chaud dans une étuve qui permettant d'obtenir une température totalement homogène sur toute l'étoffe contrairement au chauffage du conformateur qui chauffe l'étoffe partiellement.

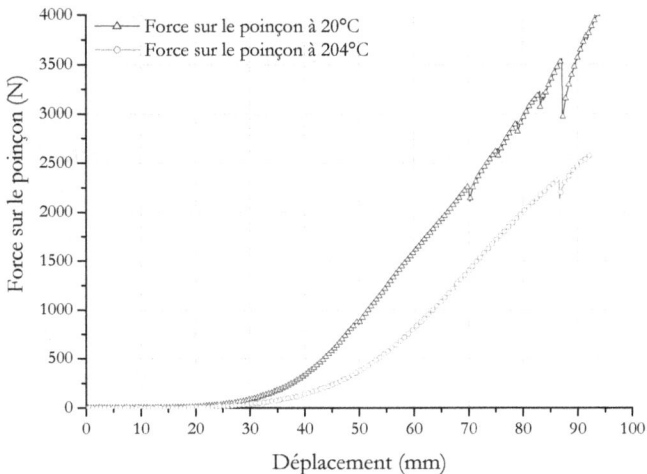

Figure II-39 : Comparaison entre mise en forme à chaud et à froid

Des essais de mise en forme sont réalisés également pour étudier l'influence de la force exercée par le poinçon et le temps de maintien lors du chauffage de l'étoffe. Pour cela nous étudions l'effet des deux paramètres le fluage et le déplacement résiduel. Lors de la mise en forme par emboutissage on applique une force axiale F_Z sur le poinçon une fois la force cible est atteinte on maintient l'étoffe à cette force pendant une durée t à la température souhaitée. Lors du maintien on constate que le poinçon continue à avancer et on enregistre un déplacement suivant Z. Cette valeur de déplacement représente le fluage. Le déplacement résiduel représente la distance parcourue par le poinçon pour passer de la force F_Z à une force quasiment nulle. Les essais sont réalisés à une température égale à 204°C pour deux valeurs de temps de maintien 30 s et 50 s avec trois valeurs de force de poinçon 450 N, 800 N et 2000 N.

Les graphes illustrés sur les Figures II-39 et II-40 représentent respectivement l'évolution du fluage et du déplacement résiduel en fonction de la charge appliquée sur le conformateur pour les deux temps de maintien. Sur le premier graphe on constate que la valeur du fluage augmente lorsqu'on amplifie la force de chargement pour atteindre un facteur deux en passant de 450 N à 2000 N. On constate aussi que, le temps de maintien influence le fluage puisque on observe une différence entre les deux courbes et plus on augmente la force du chargement plus la différence est perceptible. En effet, lorsqu'on on déforme une étoffe les fibres de polyester se redressent et les molécules ont tendance à s'étendre et plus on expose l'étoffe au flux thermique plus les molécules s'allonge sous l'effet du chargement. Sur le deuxième graphe on note que plus le chargement appliqué sur le poinçon est important plus le déplacement résiduel est considérable. Cette augmentation est synonyme de la plastification de l'étoffe qui peut être due à la cristallisation du polyester sous l'effet de la température. L'augmentation du temps de maintien amplifie le déplacement résiduel. La différence entre les courbes de 30 s et 50 s est plus distincte à faible force qu'à grande force de chargement. En effet, l'étoffe se sature à partir d'un chargement et d'un temps de maintien limite et à partir de cette limite les deux paramètres (force et temps de maintien) n'auront pas une influence considérable. En conclusion on peut dire que plus la force de chargement est grande plus le fluage est important et plus le déplacement résiduel est considérable. De même une augmentation du temps de maintien se répercute d'une part sur fluage par une augmentation de plus en plus importante quand on amplifie la force de chargement et d'autre part sur le déplacement résiduel par une croissance de moins en moins perceptible.

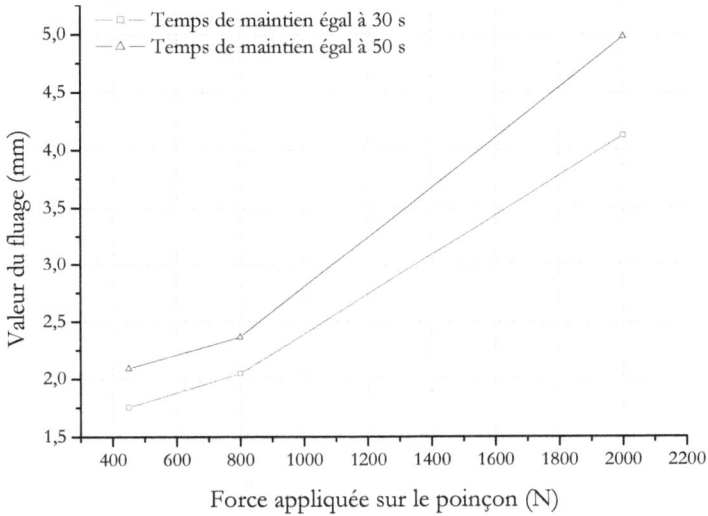

Figure II-40 : Influence du temps de maintien et de la force du poinçon sur le fluage

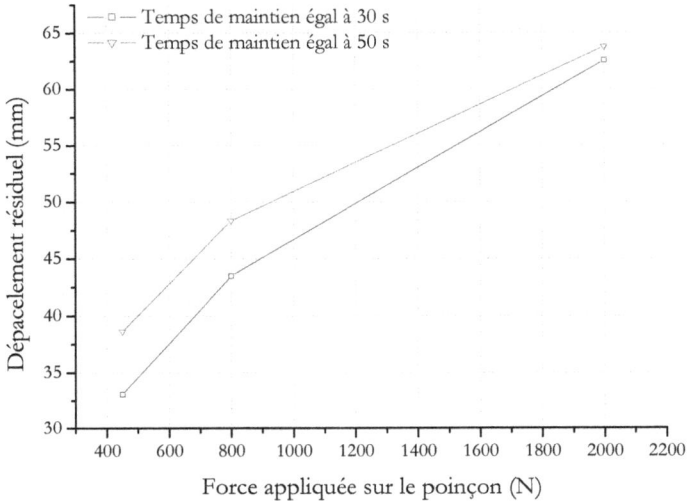

Figure II-41 : Influence du temps de maintien et de la force du poinçon sur le déplacement résiduel

V. Conclusion

Deux caractéristiques propres au comportement de l'étoffe ont été étudiées. Dans la première partie de ce chapitre nous avons étudié les caractéristiques thermiques de l'étoffe. Pour cela nous avons traité l'effet d'un flux thermique sur les propriétés de l'étoffe. Nous avons pu constater que plus la température d'exposition de l'étoffe augmente, plus la rigidité de l'étoffe augmente. Cette augmentation se traduit par une augmentation de la force à la rupture et par une diminution de la déformation maximale. L'application d'un flux thermique influence également le retour élastique après mise en forme et le « toucher » de l'étoffe. En effet, plus la température augmente, plus le retour élastique diminue et plus le « toucher » de l'étoffe se dégrade. Dans la deuxième partie, nous avons traité l'influence de la composition de l'étoffe en élasthanne, l'influence du liage et l'influence de la direction de chargement sur le comportement mécanique de l'étoffe en traction. D'après les essais réalisés sur des étoffes avec différents pourcentages en élasthanne, nous avons pu constaté que ce dernier augmente la capacité de déformation de l'étoffe. En comparant une étoffe tissée avec une étoffe tricotée, nous avons remarqué que la structure jersey a plus d'aptitude à se déformer. Pour conclure, nous pouvons dire que pour réussir une mise en forme, il est nécessaire que l'étoffe soit suffisamment déformable pour éviter les ruptures prématurées. Pour choisir, une étoffe en jersey avec un pourcentage d'élasthanne représente de bonne capacité de déformation. De même, au niveau des matériaux qui possède une bonne aptitude à se thermofixer. Pour choisir il faut se baser sur les caractéristiques thermiques de ces matériaux. Entre autres, le polyamide 6.6 possède de bonnes caractéristiques thermiques alors que le coton réagit de manière moins bonne vis-à-vis d'un flux thermique.

Chapitre III

Modélisation mécanique du comportement des étoffes

I. Introduction

L'étude du comportement mécanique des matériaux a pour but de connaître leur réponse à une sollicitation donnée. Les variables mises en jeu dans ce domaine sont :

- le tenseur des contraintes
- le tenseur des déformations
- la température

Si l'élasticité linéaire représente actuellement le cadre de la majorité des calculs de mécanique des milieux continus réalisés dans l'industrie, d'autres types de comportement sont de plus en plus utilisés car ils s'approchent plus de la réalité, et permettent donc un dimensionnement plus strict des structures ou de certains procédés. Par exemple la mise en forme d'une pièce métallique (forgeage, emboutissage, etc.), où la déformation plastique du matériau est à la base du procédé. La connaissance de son comportement plastique permet de mieux appréhender les efforts qui seront mis en jeu (gamme de fabrication, choix de la presse, cadence), ainsi que les défauts susceptibles d'être générés par cette mise en forme.

Pour les matériaux textiles souples, l'obtention d'objets de forme complexe repose traditionnellement sur les capacités de déformation du matériau initial associé à l'assemblage par couture d'éléments découpés selon un gabarit plan. Les propriétés mécaniques sont de ce fait résultantes des caractéristiques intrinsèques des matériaux initiaux et du mode d'assemblage. La présence des coutures, introduit des ruptures de continuité dans la structure, pénalisant les propriétés physiques, l'esthétique et le confort lorsqu'il s'agit d'éléments vestimentaires (cas du soutien gorge par exemple). De plus, la faible extensibilité des tissus est compensée par l'introduction de l'élasthanne ou des matières synthétiques (polyamide, polyester) et naturelles coton en particulier.

L'intérêt de concevoir directement le produit ou l'élément de produit en une seule pièce tridimensionnelle à partir d'une surface souple, plane et déformable revêt le plus grand intérêt tant du point de vue technique qu'économique. Cette conception 3D nécessite une approche scientifique du comportement des matériaux en terme de déformabilité et de capacité à la déformation, de mémoire de forme et de connaissance de la réaction à la déformation, etc. L'approche comportementale mécanique est réalisée principalement par des moyens traditionnels de type dynamométrie monoaxiale. Quelques tests spécifiques (pochage, éclatométrie) ne permettent qu'une approche simple et insuffisante pour une évaluation des performances en rapport avec les nouvelles attentes.

La modélisation du comportement des étoffes destinées à la mise en forme est devenue l'un des objectifs prioritaires de l'industrie textile qui vise à améliorer la productivité et la qualité des produits fabriqués. En effet, la modélisation du comportement thermomécanique des structures tissées et tricotées permet de prédire leur formabilité. L'objectif est de mettre en œuvre en première étape des outils capables de modéliser les comportements vis-à-vis des sollicitations thermomécaniques. Ceci nécessite une base de donnée expérimentale bien riche telle que les essais de traction uniaxiale et biaxiale à chaud et à froid de cisaillement, de pochage, d'éclatométrie, de gonflement (bulging). En deuxième étape, il faut valider les simulations de mise en forme des étoffes sur des essais réels. Pour cela, nous prévoyons de simuler les essais d'emboutissage à chaud et à froid des étoffes. Dans ce cadre, plusieurs approches ont été adoptées pour caractériser le comportement des étoffes vis-à-vis d'un chargement mécanique. Entre autres, on trouve les approches qui sont adoptées pour prédire la réaction de la structure en sollicitations simples (traction uniaxiale ou biaxiale) ou bien celles qui sont destinées à la simulation du comportement mécanique lors de mise en forme par déformation tridimensionnelle.

II. Modélisation du comportement mécanique des étoffes

Le comportement mécanique des matériaux doit être schématisé en respectant les énoncés fondamentaux de la thermodynamique. Il existe différentes approches pour établir une loi de comportement, on trouve par exemple l'approche qui s'appuie sur les principes généraux et qui consiste à développer une loi qui respecte tous les principes **[Truesdell-Noll-65]**. Cette approche est difficile à exploiter pour prendre en compte les phénomènes de non-linéarité. D'autres approches sont définies pour remédier ces difficultés, parmi lesquelles on trouve l'approche de l'état local **[Germain 86]**. C'est cette approche qui est choisie pour notre étude.

Le principe de cette approche se base sur différentes étapes :

• dans un premier temps il faut définir chaque phénomène recensé par une variable.

• la deuxième étape consiste à construire un potentiel d'état dépendant des variables d'état. Ce potentiel permet de correspondre à chacune des variables d'état une variable duale ou variable thermodynamiquement associée.

• l'étape suivante associe des lois d'évolution aux variables internes.

• les variables dépendantes s'écrivent en fonction des variables d'état sous forme de fonctionnelle d'évolution :

$$\sigma = f(\varepsilon^e, V_i, T) \qquad (2.6)$$

On postule que l'état thermomécanique du matériau est complètement défini, en un point et pour un instant donné, par la connaissance de la valeur de certaines variables en ce point. Ces variables sont appelées variables d'état. Leur variation au cours du temps n'intervient pas dans la définition de l'état du matériau à l'instant considérée. Le choix des variables d'état a un caractère subjectif. Il dépend en effet du phénomène étudié. Dans notre cas, nous choisirons les variables suivantes :

- le tenseur des déformations élastiques ε^e
- la température T
- une série de variables V_i représentant l'état interne du matériau (par exemple l'état résiduel ou dissipatif)

L'état thermodynamique du matériau sera alors représenté localement par un potentiel dépendant de ces variables d'état. Nous choisissons ici naturellement le potentiel énergie libre spécifique $\psi(\varepsilon^e, V_i, T)$ qui permet d'écrire :

$$\dot{\psi} = \frac{\partial \psi}{\partial \varepsilon^e} : \dot{\varepsilon}^e + \frac{\partial \psi}{\partial V_i} : \dot{V}_i + \frac{\partial \psi}{\partial T} : \dot{T} \qquad (2.7)$$

L'inégalité de Clausius-Duhem doit être vraie pour tout type de transformation. Pour une transformation élastique réversible isotherme, sans modification des variables internes, on aboutit à l'expression du tenseur des contraintes comme force thermodynamique associée au tenseur des déformations élastiques :

$$\sigma = \rho \frac{\partial \psi}{\partial \varepsilon^e} \qquad (2.8)$$

La donnée du potentiel thermodynamique (ε^e, V_i, T) permet donc d'écrire des relations entre les variables d'état (ε^e, V_i, T) et leurs variables associées à un instant donné mais ne permet pas de d'écrire leur évolution au cours d'une transformation. Cette évolution sera donnée par une loi complémentaire : la loi de comportement du matériau.

Tout le problème de la modélisation du comportement des matériaux réside dans la détermination de l'expression analytique d'un potentiel thermodynamique, pour l'obtention des variables d'état à un instant donnée, et d'un potentiel de dissipation, qui donne l'évolution des variables au cours du temps. Toutefois, leur identification à partir d'expériences caractéristiques est difficile, car leur valeur est quasiment inaccessible à la mesure (il s'agit d'énergie le plus souvent dissipée sous forme de chaleur). Le domaine d'élasticité est donc souvent représenté par des relations de proportionnalité entre les contraintes et les déformations (loi de Hooke). Il est cependant important de savoir que ceci n'est qu'une schématisation plus ou moins réaliste du comportement réel du matériau. En effet, le comportement élastique d'un matériau n'est jamais strictement linéaire. Tous les matériaux sont plus ou moins anélastiques, c'est-à-dire que leur courbe de traction ne suit pas exactement une droite dans le domaine d'élasticité, et l'énergie est "dissipée" au cours d'un essai de traction. Les caoutchoucs ou les étoffes textiles par exemple, ont un comportement quasi élastique, mais fortement non-linéaire. Le matériau emmagasine de l'énergie au cours de la traction, puis la restitue totalement lorsque la contrainte est arrêtée.

Dans tous les cas de modélisation du comportement mécanique, il est nécessaire de recourir à des méthodes numériques avec des algorithmes non linéaires pour prendre en compte les non linéarités dues au procédé de fabrication et à la nature du matériau. Le développement d'algorithmes performants pour l'analyse du comportement des structures tissées ou tricotées constitue toujours un important axe de recherche. La diversité des problèmes rencontrés en pratique rend cet objectif difficile à atteindre. Des travaux récents menés dans différents laboratoires de recherche, ont montré tout l'intérêt de mettre des approches spécifiques à différents niveaux pour la mise en forme de tissus composites pré-imprégnés, des tissus textiles tissés ou tricotés. On peut citer :

• **Approches géométriques** : Ces approches, basées sur des descriptions purement géométriques et cinématiques, permettent de prendre en compte les différents modes de transformation des tissus par des mécanismes de treillis. Les tissus sont considérés comme des treillis formés de barres inextensibles. La position des nœuds de croisement des fibres est calculée d'une façon itérative afin de conserver les longueurs des côtés des mailles initiales. Des algorithmes basés soit sur les définitions analytiques des surfaces à draper soit sur les discrétisations de ses surfaces sont proposés pour simuler le drapage des tissus sur des familles de surfaces plus ou moins complexes ont été proposés. L'avantage des modèles géométriques est d'être bien adapté au pré-dimensionnement et à l'évaluation des surfaces pour la découpe à plat des étoffes. Ils sont très rapides en temps de calcul mais leur inconvénient majeur réside en leur incapacité à évaluer les paramètres physiques (déformations réelles dans les fibres) et à prendre en compte la nature du tissage (voir les travaux de **[Kawabata 73]**, **[Ishikawa 83]** **[Bergsma 88]**, **[Van de Ween 91]**, **[Realff 93]**, **[Long 95]**, **[Billoët 00a]** et **[Borouchaki 03]**).

• **Approches macro-continue :** Les étoffes sont de natures hétérogènes et discontinues au niveau de principaux constituants. Un comportement équivalent peut être obtenu par homogénéisation locale éventuellement réactualisée pour prendre en compte des aspects géométriques liés au changement de forme des fibres et à la déformation mécanique du matériau. Les modèles macro-mécaniques permettent de modéliser le comportement des tissus par sommation discrète de la contribution de chaque constituant. Moyennant certaines hypothèses, une discrétisation par éléments finis du comportement des tissus permet de simuler la transformation géométrique des tissés durant la phase de mise en forme. Les approches macro-mécaniques sont bien adaptées aux outils numériques existants et peuvent évaluer l'état mécanique de déformation de l'étoffe. Néanmoins ils nécessitent de développer partiellement des formulations éléments finis spécifiques et un temps de préparation des maillages adaptatifs relativement long (voir les travaux de **[Sabhi 93]**, **[Cherouat 94]**, **[Boisse 95]**, **[Blanlot 96]**, **[Gelin 96]**, **[Billoët 97, 00 b]**, **[Hagège 04]**).

• **Approches micro-structurales :** Dans ces approches, les modèles de comportement sont appliqués à un niveau représentatif de l'état mécanique des constituants de base. Ils sont susceptibles de représenter le comportement mécanique réel de la maille de base, d'évaluer les déformations et les efforts dans chaque constituant d'une façon très précise et d'étudier l'influence de chaque paramètre sur le comportement global de la pièce (cisaillement dans le pli, interactions, glissements des fibres, ondulations des mèches et frottement). Ces modèles sont très utilisés pour la caractérisation du comportement des renforts tissés mais leur maillage extrêmement complexe et le temps de calcul prohibitif les rendent inaptes à des applications industrielles (voir les travaux de [**Ishikawa 83**], [**Realff 93**] et [**Blanlot 96**]).

• **Approche méso–structurale :** Il est envisageable d'aborder un niveau de modélisation intermédiaire permettant d'affiner le comportement mécanique de chacun des constituants tout en s'appuyant sur des outils industriels d'analyse afin d'assurer la pérennité du développement. Ce niveau, dénommé méso-structural car il prend compte les spécificités propres des renforts et de la matrice tout en utilisant des lois de comportement intégrant des aspects matériels et géométriques (voir les travaux de [**Billoët 00**], [**Cherouat 00**]).

II.1. Comportement mécanique des étoffes

Lors de la mise en forme, les modes de déformation des étoffes tissées ou tricotées sont différents de ceux des matériaux métalliques du fait des spécificités structurelles des étoffes. Pour les métaux, le procédé de mise en forme est régi par des grandes déformations irréversibles élasto-viscoplastiques. Par contre pour les étoffes, il est évident que c'est le processus de mouvement des fibres ou fils qui intervient de façon prépondérante dans la mécanique de transformation géométrique durant la phase de mise en forme et qui détermine l'aptitude des étoffes à épouser des formes non développables [**Boisse 94**], [**Cherouat 94**], [**Borr 95**], [**Blanlot 96**], [**Gelin 96**], [**Boisse 95-05**], [**Hagège 04**], [**Billoët 05**] et [**Ben Naceur 03-05**]. Le mode d'extension intervient peu dans la phase initiale de mise en forme. Cependant, au delà d'une certaine valeur, des ruptures des fibres peuvent apparaître. Ces mécanismes conduisent souvent à des modes de déformation à faible énergie et facilitent ainsi la mise en forme des tissus pour des grands déplacements des outils et des grandes rotations des fibres. En effet, la typologie complexe de la structure de l'étoffe (tissée ou tricotée), les phénomènes d'interaction et de tissage ou tricotage des fibres, le comportement de l'élasthanne sont les principales sources de difficulté de la caractérisation mécanique du comportement des étoffes. La modélisation du comportement de étoffes pour la réalisation de pièces à géométrie complexe doit tenir compte des :

- Paramètres constitutifs du matériau (comportement des fibres, loi de comportement de l'élasthanne, nature du tissage ou tricotage et mode d'obtention des mèches),
- Modes de déformation des étoffes (rotation relative, redressement, flambement et allongement),
- Modes de mise en forme des étoffes (emboutissage, drapage, moulage, thermoformage).

Lors de la campagne d'essais expérimentaux, nous avons pu constater que l'étoffe possède une faible rigidité en flexion et en cisaillement comparées à celle de la traction. En effet, lors du calcul de l'angle de flexion, nous constatons que l'étoffe fléchit sous son propre poids et atteint facilement un angle de 90° ce qui explique la faible rigidité en flexion. Egalement pour l'essai de cisaillement nous n'enregistrons pas un glissement entre les fils mais plutôt on remarque qu'il y a une formation de plis lors de la déformation en cisaillement. De plus les étoffes constituées de tricots et de tissus incorporant de l'élasthanne ou des matières sont synthétiques (polyamide ou polyester) et naturelles (coton insensible mécaniquement à la température) pour augmenter l'extensibilité.

En analysant les allures des courbes de traction des étoffes tissées et tricotées, nous pouvons remarquer que même à faible chargement en traction, la courbe de la réponse globale (force – déplacement) est non linéaire (Figure III-1). Lors du chargement de l'éprouvette la géométrie de la maille subit une grande transformation. Les phénomènes qui se produisent sont liés au frottement entre les mailles et aussi le redressement des fils. Ces événements sont en général irréversibles puisque l'éprouvette ne peut pas reprendre ni sa forme ni ses dimensions initiales et elle conserve des déformations résiduelles. Ces déformations dépendent du niveau de chargement, des paramètres de l'étoffe tels que la densité de maille et longueur du fils pour la construction de la maille et du matériau utilisé. Plus l'étoffe est dense plus la déformation des mailles et le frottement entre les fils sont réduit, donc moins de frottement pendant la première phase de chargement. De même plus la maille est petite plus sa déformation est faible.

Toutes ces caractéristiques mécaniques et géométriques influencent les valeurs des contraintes et des déformations qui sont calculées à partir des données expérimentales (force et déplacement). En effet, les éprouvettes tissées ou tricotées sont très souples et leur déformation entraîne souvent une formation des plis et des enroulements sur les bords libres qui engendrent une grande variation de la section de l'éprouvette donc des erreurs sur le calcul de la contrainte réelle. D'autre part le milieu défini par l'éprouvette est discret et non continu ce qui suscite une déformation non homogène dans l'éprouvette.

Les contraintes et les déformations ainsi que les lois de conservation ne permettent pas de résoudre un problème d'équilibre lors de l'analyse par éléments finis d'une structure. Ceci provient du nombre d'inconnues qui est supérieur au nombre d'équations établies. Pour cela, il est nécessaire d'avoir une loi de comportement qui permet de relier les différentes mesures afin de résoudre un problème d'équilibre. Pour un matériau élastique, la loi de comportement s'exprime par une simple fonction reliant les contraintes aux déformations actuelles, c'est la loi de Hooke. Pour des matériaux, dans le cas d'un milieu dissipatif, il est nécessaire d'avoir l'historique du chargement pour déterminer les contraintes en fonction du temps. La structure de l'étoffe représente un milieu discontinu formé par un entrelacement entre les fils et les fibres. Malgré l'hypothèse de continuité qui postule que deux points infiniment voisins à l'instant t proviennent certainement de deux points voisins dans la configuration précédente, nous pouvons considérer que les fils de l'étoffe représentent un milieu continu.

II.1.1. Modélisation par un modèle élastique non linéaire

Le modèle qu'on propose, est représenté par une fonction non-linéaire reliant la contrainte à la déformation. Cette fonction qui peut prendre une forme en puissance en exponentielle ou les deux représente l'évolution de la contrainte vraie uniaxiale σ calculée en fonction de la déformation ε ou de l'élongation λ :

$$\sigma = (1 + \varepsilon)\frac{F}{S_0} \qquad \text{avec} \qquad \varepsilon = \frac{\Delta l}{l_0} = \frac{l - l_0}{l_0} = \lambda - 1 \qquad (2.9)$$

où S_0 est la section initiale de l'éprouvette et l_0 est sa longueur initiale soumise à la force de traction F. On suppose qu'il y une conservation du volume.

a. Cas d'une fonction polynomiale

L'énergie de déformation peut s'écrire en fonction du premier invariant I_1 ou de l'allongement sous une forme polynomiale qui s'annule à déformation nulle. Nous supposons que la déformation transversale est nulle dans les fibres dans le cas d'une sollicitation uniaxiale. Ainsi dans le cas uniaxial, le premier invariant et l'énergie de déformation s'écrivent :

$$I_1 = \lambda^2 \quad \text{et} \quad U = \sum_{i=1}^{N} \alpha_i (\lambda - 1)^{i+1} = \sum_{i=1}^{N} \alpha_i \varepsilon^{i+1} \qquad (2.10)$$

Le modèle de comportement représentant l'évolution de la réponse locale dans le temps (contrainte-déformation) est caractérisé par un polynôme de degré n qui dépend de l'allure de la réponse. Pour l'exemple étudié, le modèle de comportement est caractérisé par un polynôme de degré 5 représenté par l'équation.

$$\sigma(\varepsilon) = \frac{\partial U}{\partial \varepsilon} = \sum_{i=1}^{N} (i + 1)\alpha_i \varepsilon^i = \sum_{i=1}^{N} E_i \varepsilon^i \qquad (2.11)$$

Où E_i représente les variables du modèle et j est un entier variant de **1** à **n** sachant que **n** est un paramètre défini en fonction de la structure et α_i est une caractéristique matérielle.

b. Cas d'une fonction exponentielle

L'énergie de déformation est déduite par une intégration du produit force par déformation le long du chargement. Elle est définie par l'équation suivante :

$$W = \frac{1}{\alpha}\frac{\varepsilon^{\alpha E} - \alpha E}{\beta} \qquad (2.12)$$

Le modèle de comportement représenté par la tension en fonction de la déformation est :

$$T = \frac{\varepsilon^{\alpha E} - 1}{\beta} \tag{2.13}$$

Où α et β sont les paramètres du modèle. A partir de ce modèle on peut constater que la tension est nulle lorsque la déformation est égale à zéro. Le module d'élasticité est déterminé par une dérivation de la tension par rapport à la déformation, il est égal au rapport α/β lorsque la déformation est nulle :

$$E = \frac{\alpha}{\beta} \varepsilon^{\alpha E} \tag{2.14}$$

c. Cas d'une fonction non linéaire par morceau

La première partie correspond au redressement des fibres est représentée par une fonction non linéaire du type [**Sabhi 93**] :

$$T = E\left[\left(1 - \frac{T_1}{E\varepsilon_1}\right)\varepsilon + \frac{2T_1}{E} - \varepsilon_1\right]\frac{\varepsilon}{\varepsilon_1} \qquad \varepsilon \leq \varepsilon_1 \tag{2.15}$$

La deuxième partie correspond à la tension des fibres est représentée par la fonction linéaire suivante :

$$T = E[\varepsilon - \varepsilon_1] + T_1 \qquad \varepsilon_1 \leq \varepsilon \leq \varepsilon_2 \tag{2.16}$$

La troisième zone correspond au début de la déchirure et de la rupture des fibres et elle est représentée par la fonction suivante :

$$T = E\varepsilon e^{\alpha(\varepsilon - \varepsilon_2)^{\beta}} - E\varepsilon_2 + T_1 \qquad \varepsilon_2 \leq \varepsilon \tag{2.17}$$

avec $\alpha = \frac{1}{(\varepsilon_m - \varepsilon_2)^{\beta}} ln\left(\frac{T_m - T_1 + E\varepsilon_1}{E\varepsilon_m}\right)$ et $\beta = \frac{\varepsilon_2 - \varepsilon_m}{\varepsilon_m ln\left(\frac{T_m - T_1 + E\varepsilon_1}{E\varepsilon_m}\right)}$

II.1.2. Modélisation par un modèle hyperélastique

D'une manière générale, une relation de comportement est une application spécifique au matériau constitutif de l'étoffe entre les déformations et les contraintes. Pratiquement le modèle de comportement est caractérisé par des tenseurs matériels représentant les propriétés mécaniques de l'étoffe. Pour un matériau élastique non-dissipatif, la fonctionnelle de la loi de comportement est réduite à une fonction explicite des variables observables. Une variable observable unique spécifique à la déformation est définie dans le cas d'une approche mécanique pure. L'une des formes particulière de l'énergie de déformation est exprimée en fonction des principaux allongements.

$$U = \sum_{i=1}^{N} \frac{2\mu_i}{\alpha_i}\left(\overline{\lambda}_1^{-\alpha_i} + \overline{\lambda}_2^{-\alpha_i} + \overline{\lambda}_3^{-\alpha_i} - 3\right) + \sum_{i=1}^{N} \frac{1}{D_i}\left(\frac{J}{1+\varepsilon_{th}} - 1\right)^{2i}$$

$$U = \sum_{i=1}^{N} \frac{2\mu_i}{\alpha_i}\left(\overline{\lambda}_1^{-\alpha_i} + \overline{\lambda}_2^{-\alpha_i} + \overline{\lambda}_3^{-\alpha_i} - 3\right) + \sum_{i=1}^{N} \frac{1}{D_i}\left(\frac{J}{1+\varepsilon_{th}} - 1\right)^{2i} \qquad (2.18)$$

Où $$\overline{\lambda}_i = J^{-\frac{1}{3}}\lambda_i \quad \text{et} \quad \overline{\lambda}_1\overline{\lambda}_2\overline{\lambda}_3 = 1 \qquad (2.19)$$

μ_i, α_i et D_i sont des paramètres du matériau dépendant de la température, N représente l'ordre du polynôme et ε_{th} l'expansion thermique.

Des modèles standards peuvent être déduits de l'équation du modèle d'Ogden. En effet, dans le cas où $N = 2$, $\alpha_1 = 2$ et $\alpha_2 = -2$ on obtient le modèle de Mooney-Rivlin. Dans le cas $N = 1$ et $\alpha_1 = 2$ on passe au modèle Neo-Hookeen. A partir de l'équation (3.13) on détermine la relation entre la contrainte et la déformation nominale (Biot). Puisque la contrainte dérive de l'énergie potentielle, on écrit alors :

$$\sigma = \frac{\partial U}{\partial \lambda} = \sum_{i=1}^{N} \frac{2\mu_i}{\alpha_i}\left(\lambda^{\alpha_i-1} - \lambda^{-\frac{\alpha_i}{2}-1}\right) \qquad (2.20)$$

Les valeurs des paramètres caractérisant le comportement de l'étoffe qui sont considérées comme variables libres sont déterminées par la méthode d'identification au sens des moindres carrés qui s'appuie sur la réponse locale contrainte-déformation.

II.1.3. Modélisation par un modèle élastique non-lineaire bi-axial

Pour tenir compte de l'interaction entre les fils des deux directions, il est nécessaire d'enrichir le modèle par un deuxième terme qui prend en considération la déformation transversale. La transformation du modèle uniaxial s'effectue avec l'addition d'un deuxième terme qui représente une fonction exponentielle de la déformation transverse. Le modèle donnant la tension dans une direction en fonction de la déformation sens chaîne et trame par la relation :

$$T = \frac{e^{\alpha_1 \varepsilon_c} + e^{\alpha_2 \varepsilon_t} - 2}{\beta} \qquad (2.21)$$

En général, le terme α_2 prend des valeurs faibles par rapport à α_1 puisque l'influence de l'interaction entre les deux directions est négligeable devant la rigidité en tension des fils de l'étoffe.

II.1.4. Application à l'identification des paramètres mécaniques de étoffes

Les techniques d'identification par méthode inverse couvrent aujourd'hui de nombreux domaines de la mécanique des matériaux et des structures [**Gavrus 97**], [**Beck 98**], [**Nouatin 00**] et [**Forestier 04**]. Classiquement, l'identification quantitative des paramètres des modèles (module de Young, coefficient de Poisson, limite d'élasticité, coefficient d'écrouissage, allongement à la rupture, …) est effectuée par un lissage direct des points expérimentaux dans le cas des essais homogènes. De par l'hétérogénéité du champ de déformation dans l'éprouvette, le passage des grandeurs globales mesurées (forces et déplacements) vers les grandeurs locales (contraintes et déformations) n'est pas immédiat. À partir de ce moment, l'identification va devoir faire intervenir une analyse inverse : on cherche un jeu de valeurs qui approche au mieux les résultats d'essais mécaniques et les prévisions du modèle numérique de la structure. L'identification inverse consiste donc à déterminer la famille de paramètres pour laquelle l'écart entre la réponse locale expérimentale et la réponse locale numérique soit minimal. Ceci revient à minimiser les distances métriques entre les N points expérimentaux dont on dispose et la courbe numérique. On peut approximer la réponse locale expérimentale par une fonction d'interpolation qui consiste à faire passer la courbe d'approximation par tous les points expérimentaux. L'inconvénient de cette méthode c'est qu'elle peut provoquer des ondulations surtout lorsque le degré de la fonction polynomiale est assez élevé. Pour éviter cette problématique, on peut considérer des fonctions d'approximation avec des degrés peu élevés tout en s'appuyant sur une méthode d'identification au sens des moindres carrées.

II.1.4.a. Cas d'un comportement élastique non linéaire

Pour la validation du modèle comportement (donné par une fonction polynomiale voir équation (3.6)) à l'échelle de la structure, une simulation numérique d'un essai de traction uniaxiale est proposée. L'essai expérimental est réalisé sur une étoffe tissée en taffetas composée de 73% de polyamide et 27% d'élasthanne guipé. L'épaisseur de l'étoffe et mesurée suivant la norme **Afnor [NF 5084 96]**, elle est égale à 0.16 mm. L'éprouvette de dimension 100 x 50 mm est discrétisée par des éléments de barres qui caractérisent les fibres de polyamide et par des éléments de membranes qui caractérisent l'élasthanne (voir Chapitre IV pour plus d'informations sur la formulation numérique). Le modèle de comportement établi $\sigma_L = f(\varepsilon_L)$ est assigné aux éléments de barres alors que le comportement des éléments de membrane est supposé élastique isotrope linéaire. D'après la base de données on détermine les caractéristiques du polyuréthanne. On trouve un module de Young de 20 MPa et un coefficient de Poisson $v = 0.4$.

Les valeurs des coefficients du modèle de comportement identifiées par approche inverse par rapport à la réponse locale sont illustrées dans le Tableau III-1. La Figure III-1 illustre une comparaison entre la courbe locale d'identification en un point matériel obtenue par simulation numérique d'un essai de traction uniaxiale et la courbe analytique déduite par calcul de contrainte et de déformation. On constate que la réponse locale du modèle identifiée en un point matériel coïncide très bien avec la réponse expérimentale.

	E_1	E_2	E_3	E_4	E_5
Sens chaîne	0.99	-2.81	12.81	56.74	-36.06
Sens trame	0.19	5.50	-35.71	71.00	-35.26

Tableau III-1 : Coefficients du modèle de comportement

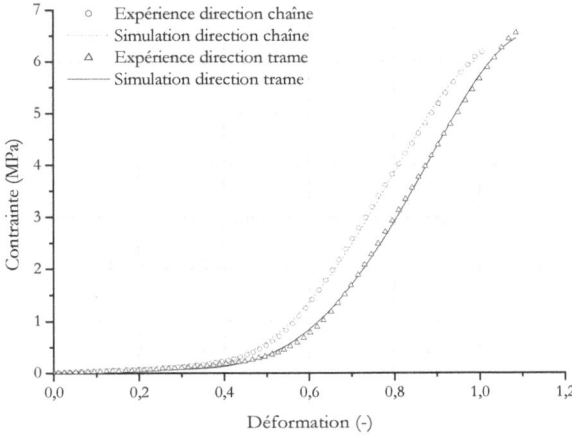

Figure III-1 : Comparaison de la réponse locale direction chaîne et trame

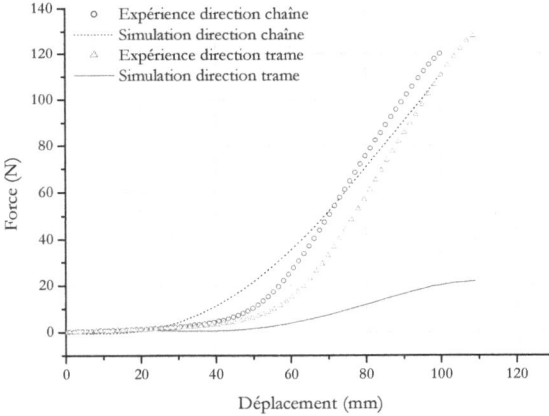

Figure III-2 : Comparaison de la réponse globale direction chaîne et trame

Or en analysant les réponses globales numérique et expérimentale illustrées par la Figure III-2, nous constatons un décalage entre les deux courbes. Cette différence est due à l'hétérogénéité de la structure et du champ de déformation. Ceci montre qu'il est nécessaire de prendre en considération l'effet de la structure de l'éprouvette pour mieux identifier le comportement du matériau. Pour mieux identifier les paramètres du modèle il sera plus judicieux de les déterminer par rapport au comportement local en tenant compte de l'effet de la structure. Pour cela, la méthode d'identification par approche inverse doit être appliquée par rapport à la réponse globale et non pas par

93

rapport à la courbe locale. Il faut donc établir un couplage entre le code de calcul par éléments finis et une procédure d'optimisation afin de minimiser l'écart entre la courbe expérimentale et numérique en réponse globale (force-déplacement).

II.1.4.b. Cas d'un comportement hyperélastique

A partir, de la courbe expérimentale qui exprime la contrainte en fonction de l'allongement on identifie les valeurs de μ_i et α_i par la méthode des moindres carrées en utilisant le modèle hyperélastique donnée par l'équation 3.15. La Figure III-3 illustre une comparaison entre la courbe expérimentale et les courbes obtenues lors de l'identification des paramètres du modèle d'Ogden d'ordre $N = 1$ et $N = 2$. On constate que les deux modèles d'Ogden aboutissent à deux courbes identiques. Cependant, on remarque qu'il y a un décalage entre les résultats à l'échelle global ce qui engendre une discordance entre le résultat expérimental et numérique.

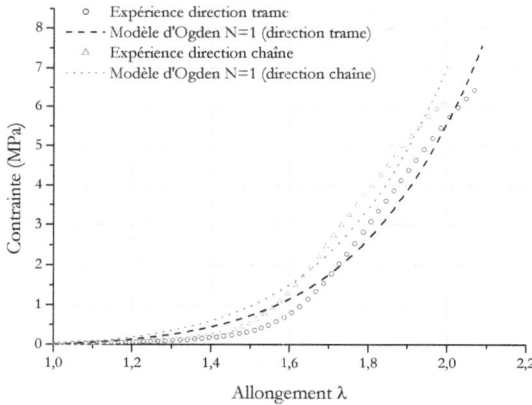

Figure III-3 : Détermination des paramètres du modèle d'Ogden par la méthode des moindres carrées

II.1.4.c. Identification des modèles de comportement par approche inverse

Contrairement à la première méthode qui adopte une approche inverse basée sur la réponse locale, cette approche est fondée sur la réponse globale. Elle consiste à trouver les valeurs des paramètres du modèle de comportement qui permettent de caler la courbe numérique à la courbe expérimentale (force-déplacement). Ce problème revient donc à chercher les valeurs optimales des paramètres du modèle qui nous permettent d'avoir l'erreur minimale entre la courbe expérimentale et la courbe numérique. Ce problème s'écrit sous la forme suivante :

$$min_{paramètres} \left\{ Erreur = \frac{1}{2(x_M - x_m)} \int_{x_m}^{x_M} (F_{sim} - F_{exp})^2 \, dx \right\} \qquad (2.22)$$

Où F_{sim} est la force calculée par simulation numérique et F_{exp} est la force expérimentale mesurée lors de l'essai de traction. Les paramètres x_M et x_m sont déterminés en fonction des bornes limites des intervalles de variation du déplacement numérique x_{sim} et expérimental x_{exp}.

$$x_m = max\left(min(x_{sim}), min(x_{exp})\right) \; ; \; x_M = min\left(max(x_{sim}), max(x_{exp})\right) \qquad (2.23)$$

L'erreur est calculée avec une expression quadratique pour éviter d'avoir des surfaces positives et négatives. En effet, en calculant la différence de surface entre les courbes, on peut avoir une surface nulle malgré qu'il y ait un décalage entre les deux courbes. L'intégrale est calculée par la méthode des trapèzes. Pour cela il faut que les courbes expérimentale et numérique aient les mêmes points de mesure. Cependant, les fréquences d'enregistrement lors de l'essai expérimental et lors de la simulation numérique sont différentes ce qui crée un décalage entre les valeurs enregistrées pour le déplacement. Pour remédier à cette problématique, nous déduisons les valeurs de forces expérimentales correspondant aux valeurs de déplacements numériques moyennant une interpolation linéaire sur la courbe expérimentale. Ceci permet de calculer facilement l'intégrale de $(F_{sim} - F_{exp})^2$ par la méthode des trapèzes.

Du fait du grand nombre de variables la résolution par un algorithme classique tel que la méthode de Newton n'est plus possible. Pour cela, nous proposons deux approches différentes avec des algorithmes d'optimisation adaptés à ce type de problématique. La première approche est dite globale, elle permet de surpasser les minimums locaux et lors du parcours du domaine de variation des variables, l'obtention d'un extremum local est peu probable. Les algorithmes stochastiques et génétiques sont basés sur cette approche, leur avantage résulte de grande probabilité d'avoir un résultat optimal et leur inconvénient est d'avoir un temps de calcul (CPU) élevé pour retrouver la combinaison optimale. La deuxième approche est dite locale et contrairement à la première approche, elle ne peut pas surpasser les minimums locaux, et le résultat peut être un minimum local ou global. La méthode de Levenberg-Marquardt est l'une des méthodes qui s'appuie sur cette approche locale, son avantage réside en un temps de recherche de la combinaison optimale assez court et son inconvénient c'est la qualité de la solution qui risque d'être un extremum local. Néanmoins, les deux approches ne manipulent pas explicitement les contraintes.

La Figure III-4, illustre le script de couplage entre le logiciel de calcul par éléments finis (ABAQUS/Implicit) et le programme d'optimisation. La première étape de cet algorithme consiste à analyser la structure par une simulation d'un essai de traction uniaxiale en se basant sur le comportement du matériau qui est alimenté initialement par les valeurs des variables d'optimisation calculées par l'approche inverse appliquée au niveau local. La deuxième étape consiste à récupérer les valeurs de la force de réaction et du déplacement calculées par simulation numérique. L'étape suivante consiste à comparer les deux réponses globales par le calcul de la fonction objectif. Enfin, la dernière étape repose sur l'optimisation des valeurs des variables pour minimiser l'erreur.

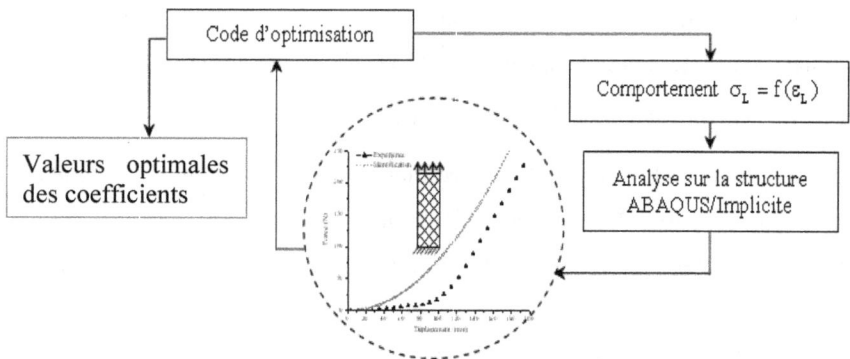

Figure III-4 : Script de calcul d'erreur entre simulation et expérience

II.1.5. Identification par algorithme génétique

L'algorithme génétique inspiré de la théorie de Darwin, adopte le principe de l'évolution pour exécuter une recherche efficace de la solution avec progression vers l'optimum. Il utilise un vocabulaire similaire à celui de la génétique naturelle. Ainsi une population est représentée par un ensemble d'individus. Un individu est représenté par un chromosome constitué de gènes qui contient les caractères héréditaires de l'individu. Parmi ses principales caractéristiques on peut citer les points suivants **[Sadiq 99]** :

• Il nécessite le codage de l'ensemble des paramètres alors que d'autres algorithmes font le codage de chaque paramètre à part,

• Dans des méthodes d'optimisation on passe d'un point à un autre en suivant des règles de transition ce qui peut nous mener vers un optimum local. Pour l'algorithme génétique, on passe d'un ensemble de points (une population de solution) vers une autre population, permettant ainsi d'éviter les extremums locaux.

• Il n'est pas limité par des hypothèses de continuité ou d'existence de dérivée. Il nécessite juste une fonction coût.

• Il se base sur des règles de transition probabilistiques (stochastiques) et non pas déterministes

• Enfin, il nécessite une fixation du nombre d'exécution qui est le seul critère d'arrêt.

L'algorithme génétique basé sur le principe d'évolution d'une population repose sur quatre opérateurs différents énumérés par l'organigramme présenté par la Figure III-5.

• L'opérateur de reproduction ou de sélection consiste à sélectionner et favoriser les meilleurs individus qui représentent la meilleure fonction coût.

• L'opérateur de croisement qui est le plus important et le plus utilisé dans l'algorithme génétique consiste à appliquer pour chaque paire d'individus (parents) un échange d'une partie des gènes, pour générer d'autres individus (les enfants). Donc, un enfant sera constitué par les chromosomes de ses parents.

• Lors de l'opération de croisement, des gènes peuvent être perdus alors qu'ils sont importants pour converger vers la solution optimale et ils ne sont pas récupérables. Par conséquent, l'opérateur de mutation offre la possibilité de les réintroduire dans la population. Cette opération qui consiste à appliquer une modification aléatoire sur l'individu sert également à éviter une convergence prématurée vers un extremum local.

• Le dernier opérateur correspond à l'opération d'évaluation qui consiste à affecter un coût à chaque individu.

Lors d'une exécution de l'algorithme génétique, on commence par une génération aléatoire d'une population d'individus contenant 50 parents. Pour passer d'une génération à une autre, on applique l'opérateur de reproduction pour sélectionner les meilleurs individus. Ensuite, on applique l'opérateur de croisement sur une proportion de la population avec une probabilité de croisement (P_c) bien définie. Après on passe à l'opérateur de mutation qui s'applique à une proportion de la population avec une probabilité P_m. Pour notre étude, P_c et P_m sont respectivement égales à 0.8 et 0.2. La dernière étape se rapporte à l'opération d'évaluation et à l'intégration des individus dans la génération suivante. Pour le critère d'arrêt on peut fixer le nombre de générations ou également on peut fixer un critère par rapport à la fonction qui consiste à arrêter le programme lorsque la population n'évolue pas suffisamment pour améliorer la fonction objectif.

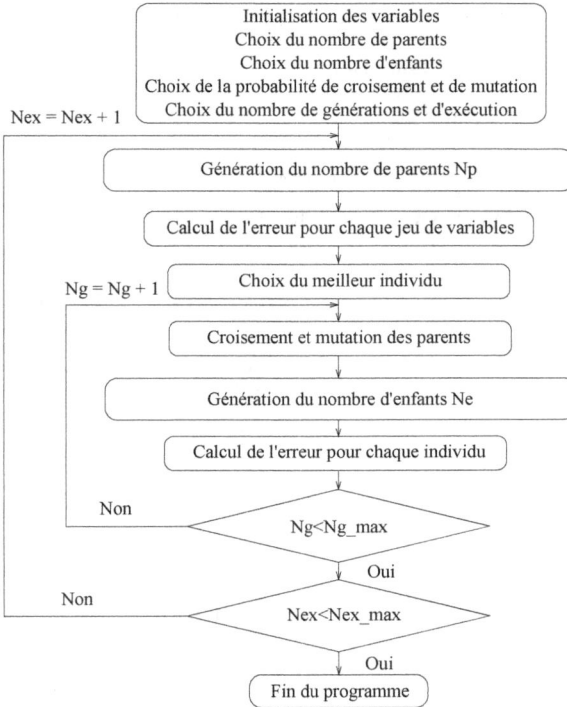

Figure III-5 : Algorithme génétique pour la minimisation de l'erreur

II.1.6. Identification par méthode de Levenberg-Marquardt

Contrairement à l'algorithme génétique, la méthode de Levenberg-Marquardt est une méthode d'optimisation locale très répandue pour la résolution d'une variété de problème de d'optimisation. C'est une combinaison de la méthode de descente du gradient et la méthode de Gauss Newton. Cette méthode est généralement utilisée pour résoudre un problème de minimisation non linéaire au sens des moindres carrés. La fonction à minimiser s'écrit sous la forme suivante **[Z-mat 00]** :

$$f(x) = \frac{1}{2}\sum_{j=1}^{N} r_j^2(x) \quad avec \quad r_j(x) = F_j^*(x) - F_j \qquad (2.24)$$

Où $x = (x_1, x_2, \dots, x_m)$ est un vecteur représentant l'ensemble des variables à optimiser et r_j représente le résidu correspondant à chaque point expérimental défini par la formule suivante. N et m représentent respectivement le nombre de points expérimentaux et le nombre de variables à optimiser, $F_j^*(x)$ représente la valeur de la force obtenue par simulation numérique au point j et F_j est la force expérimentale correspondant au même point.

Le gradient et le hessien de la fonction f peuvent s'exprimer en fonction des dérivées partielles du résidu r. Dans le cas où r est non linéaire, on écrit :

$$\nabla f(x) = \sum_{j=1}^{N} r_j(x)\nabla r_j(x) = J^T(x).r(x) \quad \text{et} \quad \nabla^2 f(x)$$

$$= J^T(x).J(x) + \sum_{j=1}^{N} r_j(x)\nabla^2 r_j(x)$$

$\nabla f(x) = \sum_{j=1}^{N} r_j(x)\nabla r_j(x) = J^T(x).r(x)$ \quad et \quad $\nabla^2 f(x) = J^T(x).J(x) +$

$\sum_{j=1}^{N} r_j(x)\nabla^2 r_j(x)$ \hfill (2.25)

Où $J(x)$ est le jacobien défini par $J(x) = \frac{\partial r_j}{\partial x_i}$ pour $1 \leq j \leq N$ et $1 \leq i \leq m$

Dans le cas où la dérivée seconde du résidu $\nabla^2 r_j(x)$ est très faible et les résidus eux même sont faibles, on peut exprimer le hessien sous la forme $\nabla^2 f(x) = J^T(x).J(x)$. Le gradient de la fonction objectif f est calculé par la méthode des différences finies en s'appuyant sur la discrétisation des opérateurs de dérivation et de différentiation.

- La méthode de la descente du gradient résout un problème d'optimisation en s'appuyant sur la formule suivante :

$$x_{k+1} = x_k - \lambda \nabla f \hfill (2.26)$$

L'inconvénient de cette méthode, à part le problème des minimums locaux, provient de la courbure de la surface qui n'est pas la même dans toutes les directions. En effet, s'il y a une vallée étroite au niveau de la surface de l'erreur, le gradient est alors assez grand le long des murs de la vallée et faible au niveau de sa base et ceci déplace la solution dans la direction des murs. Cette méthode peut être améliorée en utilisant la courbure désignée par la dérivée seconde.

- La méthode de Newton définit la solution optimale par un gradient égal à zéro. En faisant un développement limité au voisinage de x_k on trouve :

$$\nabla f(x) = \nabla f(x_k) + (x_{k+1} - x_k)^T \nabla^2 f(x_k) + \delta(x_{k+1} - x_k) \qquad (2.27)$$

en supposant que f est quadratique ce qui nous permet de négliger les termes $\delta(x_{k+1} - x_k)$, nous pouvons écrire :

$$x_{k+1} = x_k - \left(\nabla^2 f(x_k)\right)^{-1} . \nabla f(x_k) \qquad (2.28)$$

L'avantage de cette méthode de Newton est sa rapidité. Cependant, la convergence reste sensible à la solution de départ.

- Pour profiter des avantages de chaque méthode, Levenberg-Marquardt propose un algorithme dont la loi d'actualisation est un mélange des méthodes de descente du gradient et de Newton.

$$x_{k+1} = x_k - (\nabla^2 f(x_k) - \lambda I)^{-1} . \nabla f(x_k) \qquad (2.29)$$

Cette règle d'actualisation prend en compte l'évolution de l'erreur. En effet, si l'erreur diminue, ce qui veut dire l'hypothèse qui considère que f est quadratique fonctionne bien, on réduit la valeur de λ (par un facteur 10) pour atténuer l'effet de la descente du gradient. Par contre, si l'erreur augmente, on multiplie la valeur de λ par le même facteur afin d'accentuer l'effet de la descente du gradient.

L'algorithme de Levenberg-Marquard présenté sur la Figure III-6 se compose en quatre étapes :

- Initialisation
- Calcul du nouveau vecteur x_{k+1} à l'itération $k + 1$
- Evaluer l'erreur pour $\|x_{k+1} - x_k\|$
- Si $f(x_{k+1})$ est inférieure à $f(x_k)$, on divise λ par 10 ou par 4 puis on passe à l'étape (1) jusqu'à ce que l'un des critères d'arrêt soit satisfait
- Si $f(x_{k+1})$ est supérieure à $f(x_k)$, on multiplie λ par 10 ou par 4 puis on passe à l'étape (1) jusqu'à ce que l'un des critères d'arrêt soit satisfait.

Les critères d'arrêt sont fixés par l'utilisateur. Dans notre étude, f_{min} représente l'erreur minimale est fixée à 10^{-4}, la valeur minimale du gradient g_{min} est fixée à 10^{-8} l'écart minimal $step_{min}$ est égal à 10^{-5} et le nombre maximum d'itération est fixé à 100 itérations.

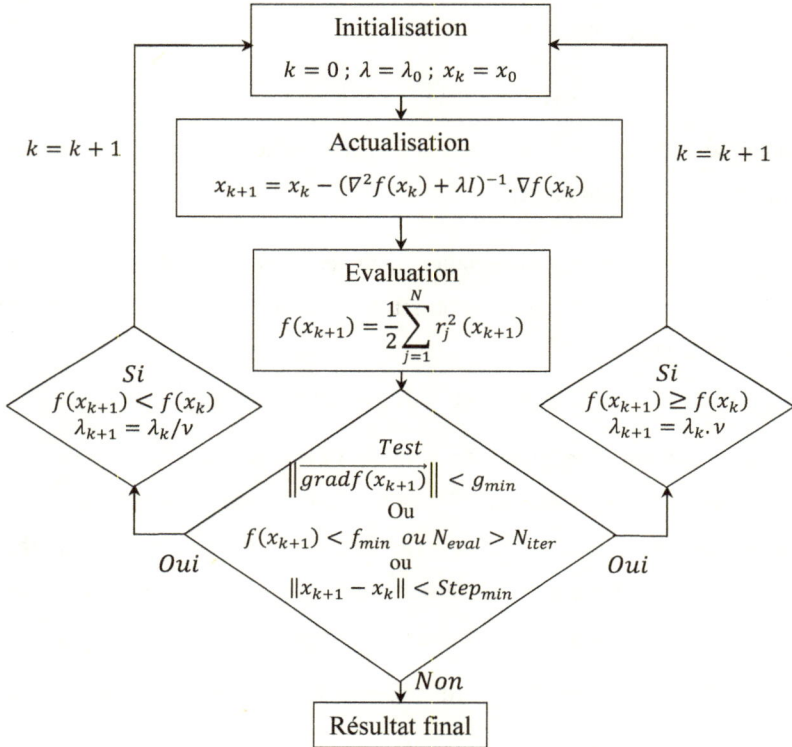

Figure III-6 : Algorithme d'optimisation par la méthode Levenberg-Marquardt

II.1.7. Applications

II.1.7.a. Cas du modèle élastique non linéaire

Afin de choisir la méthode la plus efficace, l'identification des paramètres du modèle à l'échelle globale est réalisée par les deux approches de l'algorithme génétique et la méthode de Levenberg-Marquardt. Avec la première approche, la réponse globale de l'essai de traction uniaxiale converge vers une courbe numérique très proche de l'expérience au bout de 240 itérations. L'erreur minimale prélevée sur l'ensemble des itérations est égale à 3.85 Nm pour la direction des trames et à 6.77 Nm pour la direction des chaînes. Ces valeurs correspondent aux jeux de paramètres optimums des modèles de comportement des deux directions de l'étoffe. Ce résultat montre que le couplage entre un algorithme génétique et le code de calcul par éléments finis ABAQUS/Implicit permet d'avoir une bonne approximation des paramètres du modèle de comportement donc une bonne identification. Cependant, il y a pas que des avantages pour cette méthode puisque l'un des inconvénients de cette approche est le temps de calcul (4 h pour une identification sur une éprouvette 50 x 100 mm composée de 800 éléments barres et membranes). Mais cet intervalle de temps est tout à fait normal pour une méthode d'optimisation globale.

	Itération	Erreur (Nm)	E_1	E_2	E_3	E_4	E_5
Génétique	75	751	7.25	-5.18	9.86	3.04	-2.62
	150	1110	5.66	-0.0056	7.76	3.38	-2.86
	240	3.85	2.74	-8.04	7.71	7.5	-3.82
Levenberg	5	883.95	0.19	5.50	-35.71	71.36	-35.26
	31	2.97	0.19	11.07	-89.88	201.00	-89.93
	40	1.61	0.19	11.06	-89.86	200.00	-89.90

Tableau III-2 : Coefficients du modèle (trame) au cours des itérations

	Itération	Erreur (Nm)	E_1	E_2	E_3	E_4	E_5
Génétique	80	2131.31	7.26	23.41	16.33	20.82	11.44
	200	353.99	7.81	8.95	3.59	-4.79	8.23
	387	6.77	5.40	-6.46	14.33	42.69	-12.21
Levenberg	5	21.31	0.99	-2.81	12.81	57.02	-36.06
	23	2.84	0.99	6.05	-67.63	197.63	-100.00
	62	1.80	0.99	5.94	-66.97	195.90	-100.00

Tableau III-3 : Coefficient du modèle (chaîne) au cours des itérations

La deuxième approche, basée sur la méthode de Levenberg-Marquardt est également appliquée pour l'identification des paramètres des matériaux des deux directions de l'étoffe. L'un des atouts de cette méthode d'optimisation locale est le nombre d'itérations nécessaire pour la convergence vers un jeu de paramètres optimum. En effet, les 40 itérations ont permis de retrouver une erreur assez faible de l'ordre de 1.61 Nm pour les trames et de 1.8 Nm pour les chaînes. L'un des points faibles de cette méthode est le risque d'avoir un minimum local au niveau de la solution finale.

Les Tableau III-2 et Tableau III-3 illustrent l'évolution des valeurs des paramètres du modèle de comportement de l'étoffe dans les directions des trames et des chaînes au cours des itérations ainsi que les valeurs optimales à la convergence. Avec les deux méthodes, l'erreur entre la courbe expérimentale et numérique atteint une valeur faible mais avec une large différence au niveau des valeurs de paramètres. Entre autres, la valeur de $E_4 = 7.5$ avec l'algorithme génétique alors qu'elle est égale à 200 avec la méthode de Levenberg-Marquardt. Ceci s'explique par la grande marge de variation des paramètres. En dépit de la faiblesse de l'erreur au niveau de la méthode de Levenberg-Marquardt, la solution de l'algorithme génétique semble être plus significative.

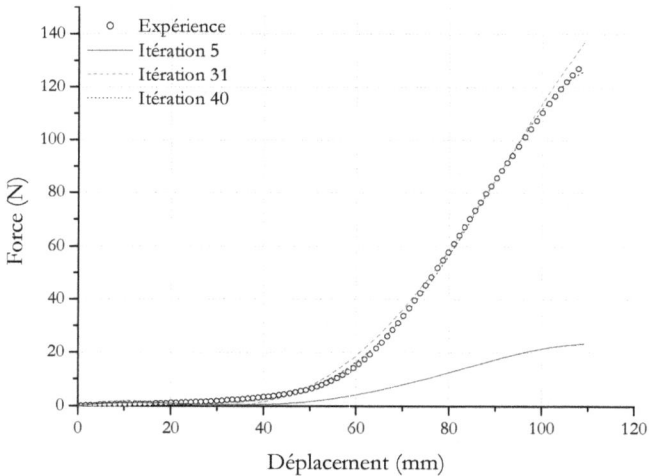

Figure III-7 : Evolution de la réponse globale (trame) au cours des itérations (méthode de Levenberg)

104

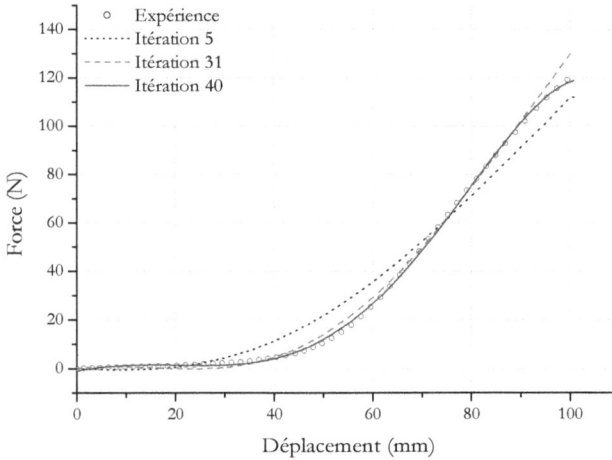

Figure III-8 : Evolution de la réponse globale (chaîne) au cours des itérations (méthode de Levenberg)

Les Figures III-7 et III-8 illustrent la variation de la courbe de la réponse globale au cours des itérations de la méthode de Levenberg-Marquardt correspondant aux deux directions de l'étoffe (trame et chaîne). Dans le deux cas, et durant les premières itérations, la courbe globale est loin de l'expérience puis à partir de la trente et unième itération l'erreur chute et la courbe numérique se rapproche de l'expérience. A la dernière itération, la courbe expérimentale et numérique sont quasiment identiques. Les deux graphes montrent que l'identification par approche inverse couplé avec un algorithme d'optimisation permet des réduire l'erreur due à l'effet de la structure. Avec les deux approches, le résultat final est cohérent avec l'expérience.

Le deux graphes de la Figure III-9 mettent en évidence la différence entre les deux méthodologies d'identification. Pour la méthode de Levenberg-Marquardt, l'erreur relative entre l'expérience et la simulation évolue autour de la valeur initiale puis chute pour évoluer autour d'une valeur plus faible. On constate donc, que l'erreur évolue sur deux paliers, le premier représente l'erreur maximale et le deuxième correspond à l'erreur minimale qui peut être locale ou globale. Pour l'approche basée sur l'algorithme génétique, la fréquence de variation et plus grande et on peut bien remarquer que le passage d'une itération à l'itération suivante, l'erreur change excessivement.

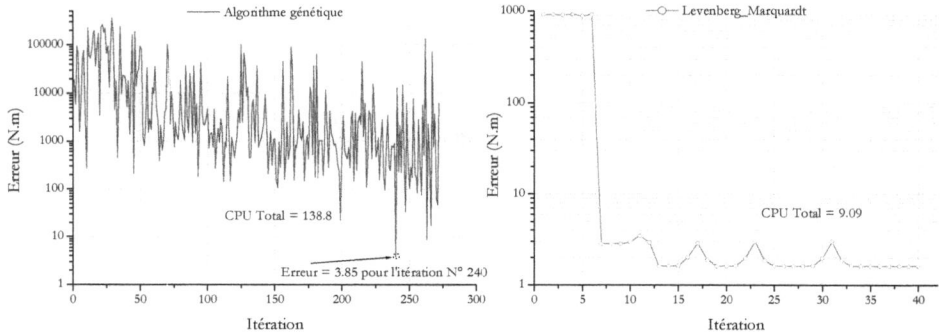

Figure III-9 : Evolution de l'erreur et temps de calcul CPU pour les deux méthodes

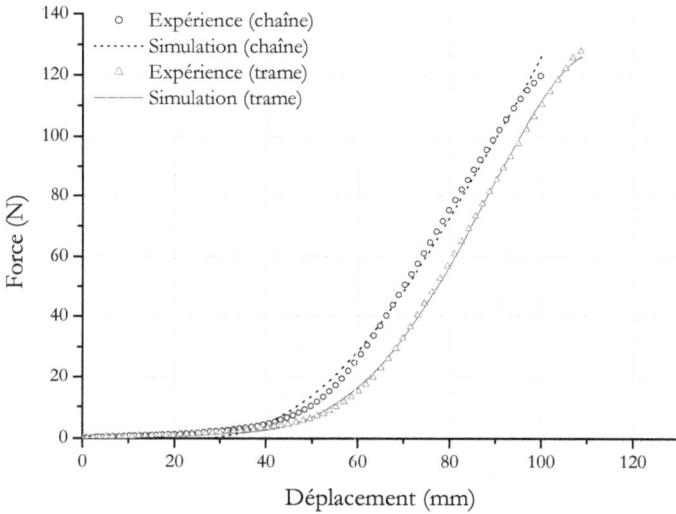

Figure III-10 : Identification du modèle dans les deux directions de l'étoffe chaîne et trame

Nous constatons que les deux méthodologies adoptées pour l'indentification du modèle de comportement aboutissent quasiment au même résultat mais avec une large différence au niveau du temps de calcul. En effet, les deux approches mènent à une erreur quasiment identique mais la méthode de Levenberg-Marquardt est 10 fois plus rapide que l'algorithme génétique et permet d'atteindre l'optimum en un nombre d'itérations beaucoup moins important. La Figure III-10 présente la variation de l'erreur et le temps effectif (temps CPU) pour chaque méthodologie. La différence entre les deux méthodes et bien illustrée par le deux graphe de cette figure. Le temps mis par la méthode de Levenberg-Marquardt et 15 fois plus faible que le temps CPU mis lors de l'utilisation de l'algorithme génétique. En dépit de cette large différence, les deux résultats obtenus ne sont pas trop différents. Si on choisit entre les deux approches d'optimisation, la méthode de Levenberg-Marquardt est favorite malgré un risque de solution locale.

En conclusion, nous pouvons donc constater à partir de ces deux résultats qu'une loi de comportement polynomiale suivie d'une identification par méthode inverse permet de mieux caractériser le comportement mécanique d'une étoffe à l'échelle macroscopique (Figure III-10). De même l'identification par la méthode de Levenberg-Marquardt est plus performante surtout au niveau du temps de calcul et du nombre d'itération. Cependant, dans le cas ou la solution atteint un minimum local, il sera nécessaire d'utiliser une procédure d'identification par algorithme génétique.

II.1.7.b. Cas du modèle hyperélastique

L'identification par approche inverse est également appliquée pour déterminer les paramètres optimaux assurant une concordance entre l'expérience et la simulation de l'essai de traction uniaxiale. Pour cette partie, on garde les deux modèles d'Ogden d'ordre $N = 1$ et $N = 2$. Dans ce cadre, les simulations ont montré qu'en passant par une identification par approche inverse globale moyennant les algorithmes d'optimisation de Levenberg-Marquardt et génétique, la réponse numérique globale devient plus cohérente avec la courbe expérimentale (Figure III-12) mais il y a toujours un écart entre l'expérience et la simulation. En comparant les courbes numériques des deux modèles, on peut constater également que l'augmentation de l'ordre du modèle d'Ogden n'améliore pas la concordance entre le résultat numérique et expérimental si on utilise la méthode de Levenberg-Marquardt. Par contre dans le cas d'une identification avec l'algorithme génétique l'erreur entre les deux courbes diminue lorsqu'on augmente l'ordre du modèle d'Ogden. En effet, la courbe du modèle d'ordre $(N = 1)$ obtenue par méthode inverse moyennant la méthode de Levenberg-Marquardt affiche une erreur de $30.71\,Nm$ alors qu'elle est égale à 61.93 Nm avec le modèle d'ordre ($N = 2$). Avec l'algorithme génétique la réponse globale est plus proche de l'expérience avec le modèle d'ordre ($N = 2$).

Ces résultats montrent que l'optimisation avec l'algorithme génétique et mieux adaptée aux problèmes ayant différentes variables alors que la méthode de Levenberg-Marquardt est plus pratique pour les modèles avec un nombre de paramètres réduit. Avec les deux modèles, la différence est plus accentuée dans la phase 2 de chargement qui correspond au redressement des fibres. Cette différence est due à l'absence d'interaction entre les fibres puisque les éléments finis de barre sont soudés aux nœuds. Pour la phase rapportée au chargement des fibres, le modèle numérique suit la réponse expérimentale et l'erreur entre les deux courbes est minimale.

Les deux tableaux (Tableau III-4, Tableau III-5) illustrent les différentes valeurs des paramètres des modèles d'Ogden d'ordre $N = 1$ et $N = 2$ correspondant aux deux méthodes d'identification. Hormis les valeurs déterminées par algorithme génétique pour le modèle d'Ogden d'ordre $N = 2$, on remarque que les valeurs des coefficients μ qui correspondent au cisaillement des fibres sont faibles par rapport aux valeurs des coefficients α (Figure III-13). En effet, lors du chargement de l'éprouvette en traction uniaxiale, les fibres ne sont pas soumises au cisaillement et en plus pour un élément fini de type barre, il n'y a que la contrainte uniaxiale et il n'y a pas de rigidité en cisaillement. Donc, les résultats obtenus avec un module de cisaillement assez faible sont plus proches de la réalité expérimentale.

En conclusion, l'identification par approche inverse constitue un apport pour la détermination des paramètres du modèle en dépit du nombre de coefficients. Cependant pour choisir le meilleur compromis entre les caractéristiques physiques et les performances numériques, une identification du modèle d'Ogden d'ordre N=1 avec la méthode de Levenberg-Marquardt est plus appropriée pour caractériser le comportement d'une étoffe en traction uniaxiale.

	Erreur (Nm)	μ_1	α_1
Avant identification	908.89	0.16	8.06
Levenberg-Marquardt	30.71	0.79	5.46
Algorithme génétique	255.62	0.41	6.43

Tableau III-4 : Coefficients des paramètres du modèle d'Ogden d'ordre N=1

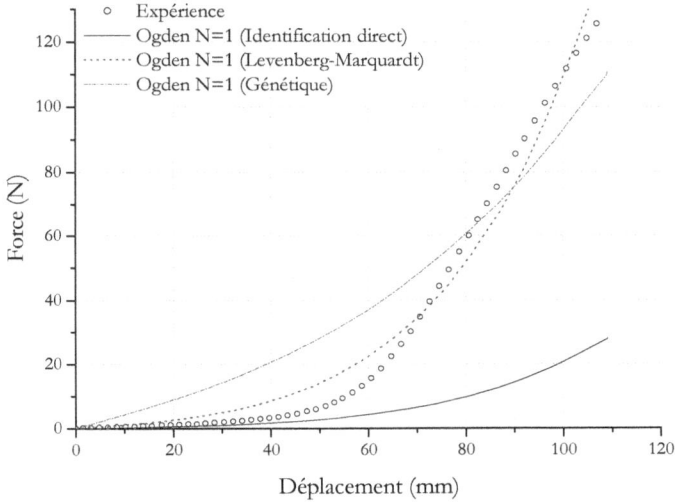

Figure III-12 : Réponse globale par modèle d'Ogden (N=1)

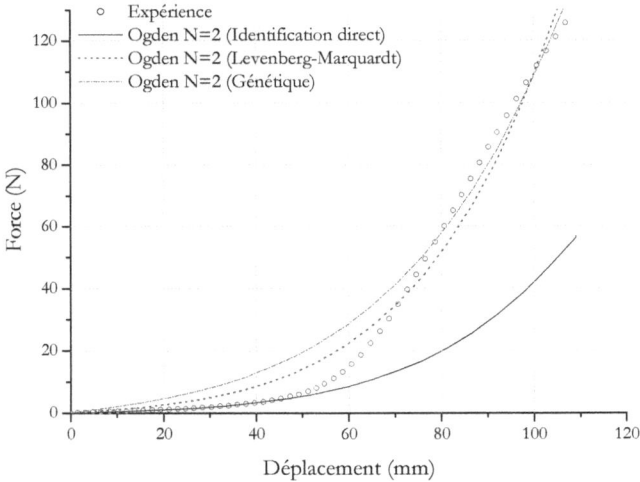

Figure III-13 : Réponse globale par modèle d'Ogden (N=2)

109

	Erreur (Nm)	μ_1	α_1	μ_2	α_2
Avant identification	538.68	0.08	8.06	0.076	8.06
Levenberg-Marquardt	61.93	0.44	12.15	0.88	5.46
Algorithme génétique	25.07	71.78	42.36	21.28	39.18

Tableau III-5 : Coefficients des paramètres du modèle d'Ogden d'ordre N=2

Chapitre IV

Modélisation numérique du comportement des étoffe

I. Introduction

La modélisation du comportement des étoffes destinées à la mise en forme est devenue l'un des objectifs prioritaires de l'industrie textile qui vise à améliorer la productivité et la qualité des produits fabriqués. En effet, la modélisation du comportement thermomécanique des structures tissées et tricotées permet de prédire leur formabilité. L'objectif de la modélisation macroscopique continue est de mettre en œuvre en première étape des outils capables de modéliser les comportements vis-à-vis des sollicitations thermomécaniques. Ceci nécessite une base de données expérimentale bien riche telle que les essais de traction uniaxiale et biaxiale à chaud et à froid et le cisaillement. En deuxième étape, il faut valider les simulations de mise en forme des étoffes sur des essais réels. Pour cela, nous prévoyons de simuler les essais d'emboutissage à chaud et à froid des étoffes.

Des études de modélisation du comportement des étoffes ont été réalisées sur les deux types de structures tricotée et tissée. Pour la prédiction du modèle de comportement, on trouve l'approche microscopique qui se fait à l'échelle des fils puis par le biais d'une homogénéisation on passe à l'échelle de la structure. On trouve aussi une autre approche mésoscopique qui se base sur l'échelle de la maille élémentaire pour aboutir par la procédure d'homogénéisation à l'échelle de la structure. Ces deux approches sont coûteuses au niveau du temps de calcul mais en revanche elles proposent des modèles fiables pour la prédiction du comportement des étoffes. En plus de ces deux approches, ils existent d'autres modèles qui tiennent compte de la géométrie des mailles, présentée par des splines, pour prédire le comportement de la structure. Contrairement à ces modèles, on trouve aussi des approches qui prennent en considération du comportement mécanique des fils en les représentant par des ressorts avec une rigidité.

Afin d'aboutir à notre objectif, nous avons opté pour un modèle macroscopique qui ne tient compte que du comportement globale de la structure. Ce modèle est identifié sur des essais de traction uni-axiale et bi-axiale par la méthode inverse via un algorithme d'optimisation. Dans le but de représenter la structure mécanique des étoffes, nous proposons deux approches différentes pour modéliser numériquement l'équilibre des étoffes. Une approche standard "méso" dans laquelle les fibres de l'étoffe sont modélisées par des éléments barres et les fibres élastiques tel que l'élasthanne, sont représentées par des éléments membranes. Une approche spécifique "macro" dans laquelle les fibres sont modélisées par des éléments continus tissés avec une formulation spécifique. Ses éléments sont implémentés dans le solveur ABAQUS via la subroutine UEL [**Abaqus 06**]. Des exemples d'application sont présentés pour valider les approches numériques présentées. Lors de la simulation des procédés de mise en forme tel que l'emboutissage, ses éléments finis sont souvent soumis à des grandes rotations et grands déplacements engendrant des distorsions importantes et qui peuvent avoir des conséquences sur la qualité des résultats et la convergence du calcul. Afin d'y remédier, une procédure de raffinement et d'adaptation de maillage est proposée.

II. Caractérisation de la déformation globale de l'étoffe

La modélisation de la déformation spatiale des étoffes tissée ou tricotée (fibre + élasthanne) repose sur la description de la déformation de sa surface moyenne dans le plan tangent **[Boisse 95]**, **[Billoet 99]**, **[Cherouat 00]**. Compte tenu de la géométrie très plate des étoffes avec une épaisseur de l'ordre de quelques dixièmes de millimètre et de la densité de maille assez grande, nous pouvons assimiler l'étoffe à une structure continue. Des essais expérimentaux sur des éprouvettes en étoffes ont montré que lors de la déformation, les réseaux de lignes tracées initialement perpendiculaires restent des lignes continues après déformation. Ces constations nous permettent de considérer le réseau de fils comme un milieu continu où les champs de déplacements et de déformations sont continus. Nous considérons donc les hypothèses suivantes :

- On suppose que l'étoffe est un milieu continu,
- Les rigidités de l'étoffe en cisaillement, en compression et en flexion sont faibles par rapport à la rigidité en traction,
- On considère que les champs de déformations et de déplacements sont continus dans chaque fil.

Les essais sur éprouvette ont montré que les réseaux de lignes continues initialement tracées sur la surface avant déformation restent des lignes continues pendant la déformation. Ces constations nous permettent de considérer l'étoffe comme un milieu continu où le champ3 de déplacement et de déformation est continu (voir Figure IV-1). Fort de ces considérations, un élément représentatif est donc défini comme étant un ensemble de "mailles" (t trames $+ c$ chaînes pour un tissu et r rangées et c colonnes pour un tricot). La structure de l'étoffe est donc constituée d'un ensemble des ces "éléments tissu" sur lesquelles s'appliquera une modélisation de type éléments finis. Ces éléments tissus peuvent être des éléments membranaires triangulaires ou quadrangulaires tridimensionnels ou des éléments de barres tridimensionnels.

La modélisation de la déformation spatiale des étoffes repose sur la description de la déformation de sa surface moyenne dans le plan tangent. La structure d'une étoffe est considérée mince donc d'épaisseur négligeable et de densité de mailles suffisamment grande pour l'assimiler à une structure continue.

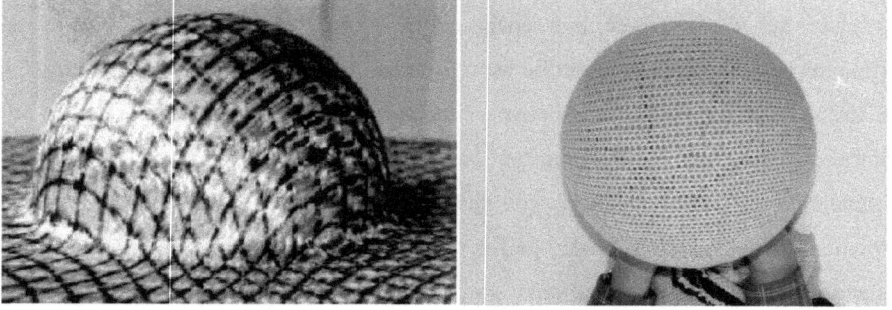

Figure IV-1 : Réseau de fibres en déformation d'un tissu ou d'un tricot

L'énergie potentielle est calculée par une sommation discrète des énergies de tension dans les fibres de l'étoffe. Elle s'exprime sous la forme suivante :

$$V(u) = \sum_{\text{mèche}} \int_{l_0} W\big(E_{11}^f\big) ds_0 - \int_{\Gamma_{t_0}} \bar{t}u ds_0 \qquad (4.1)$$

avec, $W\big(E^f\big)$ est la densité d'énergie de déformation par unité de longueur de fibre, l_0 est la longueur initiale de la fibre dans la configuration initiale et $J^e(u)$ est le potentiel des efforts extérieurs.

Dans le cas d'un équilibre stable, les déplacements cinématiquement admissibles qui satisfont les conditions d'équilibre statique sont ceux qui minimisent l'énergie potentielle totale. La forme faible de l'énergie potentielle $v_{(u)}$ c'écrit pour tout champ virtuelle cinématiquement admissible :

$$G(u,\eta) = \sum_{\text{mèche}} \int_{l_0} \frac{\partial W\big(E_{11}^f\big)}{\partial E_{11}^f} D\big[E_{11}^f\big]\eta ds_0 - \int_{\Gamma_{t_0}} \bar{t}\eta ds_0 \quad \forall\eta/\ \eta = 0 \ \ sur \ \Gamma_u \ (4.2)$$

Dans cette étude, nous négligeons les non linéarités géométrique et l'énergie due à l'ondulation des fibres. Nous ne considérons que l'énergie de tension. Le comportement global est obtenu à partir de la connaissance de la loi en tension de chaque mèche. La tension $T_{11}^f(E_{11}^f)$ dérivant du potentiel d'énergie $W(E_{11}^f)$ s'écrit :

$$T_f = T_{11}^f f_{01} \otimes f_{01} \quad \text{avec} \quad T_{11}^f(E_{11}^f) = \frac{\partial W(E_{11}^f)}{\partial E_{11}^f} \quad (T_{11}^f \geq 0) \tag{4.3}$$

L'équilibre global de la structure tissée se restreint alors à la forme variationnelle suivante :

$$G(u, \eta) = \sum_{\text{mèche}} \int_{l_0} T_{11}^f(E_{11}^f) D_u[E_{11}^f] \eta \, ds_0 - \int_{\Gamma_{t_0}} \bar{t} \eta \, ds_0 \tag{4.4}$$

III. Discrétisation spatiale de l'équilibre de l'étoffe

Les lois de comportement évoquées dans le chapitre précédent peuvent être utilisées via soit les modèles de comportement standard de la bibliothèque matériau d'ABAQUS soit les modèles spécifiques implémentés par l'utilisateur en utilisant la subroutine UMAT (User Material). Ce code offre aussi la possibilité d'utiliser les éléments finis de la bibliothèque d'ABAQUS soit de définir des éléments finis spécifiques via la routine UEL (User Element). Le type de problème que nous cherchons à résoudre est un problème non linéaire en statique. ABAQUS Standard utilise une approche de type Newton-Raphson pour résoudre le problème d'équilibre (4.4). La routine nécessite donc de définir les contributions de l'élément au modèle global, à savoir la matrice de rigidité de l'élément et les forces internes.

Dans cette étude, l'équilibre mécanique des étoffes est discrétisé par deux approches différentes. Pour la première modélisation "standard", les directions principales (chaînes et trames pour les tissus voire rangées et colonnes pour les tricots) sont représentées par des éléments barres et les fils élastiques (l'élasthanne), sont représentées par des éléments membranaires. Pour la seconde modélisation "spécifique", des éléments spécifiques sont implémentés qui prennent en considération la structure des étoffes et aussi l'interaction entre les fils (effet biaxial).

III.1. Discrétisation standard par éléments continus d'ABAQUS

Dans le modèle éléments finis des étoffes comportant des fibres en polyamide et de l'élasthanne, nous supposons que les fibres sont noyées dans l'élasthanne et se déforment dans l'élément matériel par mouvement de cisaillement. L'élément fini standard bi-composants représentatif du comportement de l'étoffe est composé d'une association d'un élément fini de membrane (M3D3 triangle ou M3D4 quadrangle) représentatif du comportement l'élasthanne et de 2 éléments finis de barre (T3D2) représentatifs du comportement des fibres sens chaîne ou rangée et 2 éléments finis de barre représentatifs du comportement des fibres sens trame ou colonne (voir Figure IV-2). Ces deux familles d'éléments finis sont complémentaires (au niveau de la discrétisation spatiale membrane 3D) et utilisent la même approche mécanique (formulation corotationnelle en grandes transformations de Green-Naghdi) [**Abaqus 06**]. L'avantage du modèle numérique réside dans sa simplicité de mise en oeuvre, sa performance mécanique et numérique de résolution des équations d'équilibre et sa richesse d'informations sur les constituants et plus particulièrement les tensions des fibres dans les deux directions, les distorsions angulaires entre les fibres et l'état de déformation de l'élasthanne.

Cette théorie suppose que tout réseau de fibres chaîne et trame, initialement superposées par tissage avant mise en forme reste superposé après déformation. Cette hypothèse traduit le non glissement inter- réseaux de fibres dans le plan du tissu et assure la continuité du champ de déplacement lors de la mise en forme. Chaque point de connexion des fibres de polyamide chaîne et trame, défini par le vecteur position $\vec{X}^{\text{fibres}}$, est associé à un point appartenant à l'élasthanne $\vec{X}^{\text{élasthanne}}$. Au point de connexion nous avons $\vec{X}^{\text{fibres}} = \vec{X}^{\text{élasthanne}}$. L'état de déformation dans l'étoffe dépend à la fois du comportement des fibres et de l'élasthanne.

Le comportement des fibres est donné par l'expression de la contrainte longitudinale en fonction de l'allongement des fibres $\overline{\sigma}_L^{fR} = E_L^f ln\left(l^f/l_0^f\right)$ avec l^f la longueur de la fibre dans la configuration actuelle, l_0^f la longueur dans la configuration de référence et E_L^f le module tangent de la fibre ($E_L^f = 0$ pour les fibres comprimées). Le comportement de l'élasthanne est membranaire du type élastique, viscoélastique ou hyperélastique (pour les développements théoriques voir les travaux de **[Sabhi 93]** **[Cherouat 94]**, **[Boisse95]**, , **[Blanlot 96]**, **[Gelin 96]** et **[Billoët 00]**)

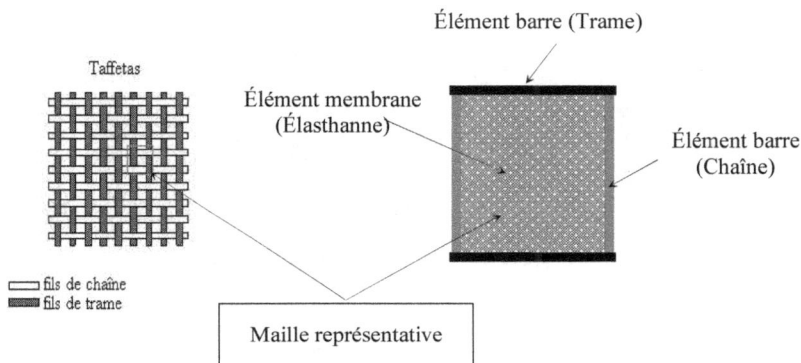

Figure IV-2 : Discrétisation spatiale de l'étoffe

III.2. Discrétisation spécifique par éléments tissés UEL

L'étoffe de surface Ω considérée comme un milieu continu est discrétisée par un ensemble d'éléments Ω^e composé d'un ensemble de fils tel que :

$$\Omega = \bigcup_{\text{éléments}}(\Omega^e) \tag{4.5}$$

L'hypothèse d'absence de glissement entre les fibres permet de faire une hypothèse d'interpolation nodale par sous domaine dans le tissu dans le but de réaliser une modélisation par éléments finis qui exige une propriété de non glissement entre les fibres. En supposant la rigidité de l'étoffe en flexion faible par rapport à celle de la traction, seuls trois degrés de liberté sont définis en chaque nœud (hypothèse de membrane). Les champs de déplacements réel u et de positions x sont approximés en fonction des valeurs nodales tels que :

$$\underline{u}(\xi_1,\xi_2) = \sum_{k=1}^{n} N_k(\xi_1,\xi_2)\underline{u}^k \text{ et } \underline{x}(\xi_1,\xi_2) = \sum_{k=1}^{n} N_k(\xi_1,\xi_2)\underline{x}_0^k + \underline{u}(\xi_1,\xi_2) \tag{4.6}$$

117

La connaissance des coordonnées matérielles (ξ_1, ξ_2) et des vecteurs de position initiale et actuelle permettent de déterminer les vecteurs matériels covariants initiaux et actuels comme suit :

$$\underline{g}_{01} = \frac{\partial \underline{x}_0}{\partial \xi_1} = \sum_{k=1}^{n} \frac{\partial N_k(\xi_1, \xi_2)}{\partial \xi_1} \underline{x}_0^k \quad \text{et} \quad \underline{g}_{02} = \frac{\partial \underline{x}_0}{\partial \xi_2} = \sum_{k=1}^{n} \frac{\partial N_k(\xi_1, \xi_2)}{\partial \xi_2} \underline{x}_0^k$$

$$\underline{g}_{01} = \frac{\partial \underline{x}_0}{\partial \xi_1} = \sum_{k=1}^{n} \frac{\partial N_k(\xi_1, \xi_2)}{\partial \xi_1} \underline{x}_0^k \quad \text{et} \quad \underline{g}_{02} = \frac{\partial \underline{x}_0}{\partial \xi_2} = \sum_{k=1}^{n} \frac{\partial N_k(\xi_1, \xi_2)}{\partial \xi_2} \underline{x}_0^k \quad (4.7)$$

$$\underline{g}_1 = \frac{\partial \underline{x}}{\partial \xi_1} = \sum_{k=1}^{n} \frac{\partial N_k(\xi_1, \xi_2)}{\partial \xi_1} \underline{x}^k \quad \text{et} \quad \underline{g}_2 = \frac{\partial \underline{x}}{\partial \xi_2} = \sum_{k=1}^{n} \frac{\partial N_k(\xi_1, \xi_2)}{\partial \xi_2} \underline{x}^k \quad (4.8)$$

L'équation d'équilibre fait intervenir la dérivée linéarisée du tenseur des déformations de Green Lagrange E dans la direction du déplacement virtuel η :

$$D_u(E_{ij})\eta = \frac{1}{2}\left[\left(\frac{\partial \eta}{\partial \xi_i}\right)_m \left(\underline{g}_{0j}\right)_m + \left(\frac{\partial \eta}{\partial \xi_j}\right)_m \left(\underline{g}_{0i}\right)_m + \left(\frac{\partial \eta}{\partial \xi_i}\right)_m \left(\frac{\partial \underline{u}}{\partial \xi_j}\right)_m + \left(\frac{\partial \eta}{\partial \xi_j}\right)_m \left(\frac{\partial \underline{u}}{\partial \xi_i}\right)_m\right] \quad (4.9)$$

Où m est un entier variant dans l'intervalle pouvant être à 1, 2 ou 3 pour représenter les composantes suivants x, y ou z. Pour les indices i et j, ils peuvent prendre la valeur 1 ou 2.

En tenant compte de l'interpolation des déplacements, l'opérateur d'interpolation des déformations de membrane linéaires $[B_L]$ et non linéaires $[B_{NL}(\underline{u})]$ est donné par :

$$[B_k]_m = \underbrace{\frac{1}{2}\left[\left(\frac{\partial N_k}{\partial \xi_i}\right)_m \left(\underline{g}_{0j}\right)_m + \left(\frac{\partial N_k}{\partial \xi_j}\right)_m \left(\underline{g}_{0i}\right)_m\right]}_{\text{partie linéaire}} + \underbrace{\frac{1}{2}\left[\frac{\partial N_k}{\partial \xi_i}\frac{\partial N_P}{\partial \xi_j} + \frac{\partial N_k}{\partial \xi_j}\frac{\partial N_P}{\partial \xi_i}\right]u_m^P}_{\text{partie non linéaire}} \quad (4.10)$$

Cet opérateur de déformation et la somme des deux parties linéaire et non linéaire :

$$\begin{cases} [B_{11}]_k = [B_{11-L}]_k + [B_{11-NL}]_k \\ [B_{22}]_k = [B_{22-L}]_k + [B_{22-NL}]_k \\ [B_{12}]_k = [B_{12-L}]_k + [B_{12-NL}]_k \end{cases} \quad (4.11)$$

$k \in [1, n]$ et n est égale au nombre de nœuds par élément.

Dans ce cas les composantes de l'opérateur d'interpolation **B** s'écrivent :

$$\begin{cases} [B_{11-L}]_k = \left[\frac{\partial N_k}{\partial \xi_1}\left(\underline{g}_{01}\right)_1 \quad \frac{\partial N_k}{\partial \xi_1}\left(\underline{g}_{01}\right)_2 \quad \frac{\partial N_k}{\partial \xi_1}\left(\underline{g}_{01}\right)_3\right]_k \\[2mm] [B_{22-L}]_k = \left[\frac{\partial N_k}{\partial \xi_2}\left(\underline{g}_{02}\right)_1 \quad \frac{\partial N_k}{\partial \xi_2}\left(\underline{g}_{02}\right)_2 \quad \frac{\partial N_k}{\partial \xi_2}\left(\underline{g}_{02}\right)_3\right]_k \\[2mm] \qquad [B_{12-L}]_k = [B_{L-1} \quad B_{L-2} \quad B_{L-3}]_k \end{cases} \quad (4.12)$$

Où

$$\begin{cases} B_{L-1} = \frac{1}{2}\left[\frac{\partial N_k}{\partial \xi_1}\left(\underline{g}_{02}\right)_1 + \frac{\partial N_k}{\partial \xi_2}\left(\underline{g}_{01}\right)_1\right] \\[2mm] B_{L-2} = \frac{1}{2}\left[\frac{\partial N_k}{\partial \xi_1}\left(\underline{g}_{02}\right)_2 + \frac{\partial N_k}{\partial \xi_2}\left(\underline{g}_{01}\right)_2\right] \\[2mm] B_{L-3} = \frac{1}{2}\left[\frac{\partial N_k}{\partial \xi_1}\left(\underline{g}_{02}\right)_3 + \frac{\partial N_k}{\partial \xi_2}\left(\underline{g}_{01}\right)_3\right] \end{cases} \quad (4.13)$$

Et

$$\begin{cases} [B_{11-NL}]_k = \left[\frac{\partial N_k}{\partial \xi_1}\sum_{p=1}^n \frac{\partial N_p}{\partial \xi_1}u_1^p \quad \frac{\partial N_k}{\partial \xi_1}\sum_{p=1}^n \frac{\partial N_p}{\partial \xi_1}u_2^p \quad \frac{\partial N_k}{\partial \xi_1}\sum_{p=1}^n \frac{\partial N_p}{\partial \xi_1}u_3^p\right]_k \\[2mm] [B_{22-NL}]_k = \left[\frac{\partial N_k}{\partial \xi_2}\sum_{p=1}^n \frac{\partial N_p}{\partial \xi_2}u_1^p \quad \frac{\partial N_k}{\partial \xi_2}\sum_{p=1}^n \frac{\partial N_p}{\partial \xi_2}u_2^p \quad \frac{\partial N_k}{\partial \xi_2}\sum_{p=1}^n \frac{\partial N_p}{\partial \xi_2}u_3^p\right]_k \\[2mm] \qquad [B_{12-NL}]_k = [B_{NL-1} \quad B_{NL-2} \quad B_{NL-3}]_k \end{cases} \quad (4.14)$$

Où

$$\begin{cases} B_{NL-1} = \frac{1}{2}\left[\frac{\partial N_k}{\partial \xi_1}\sum_{p=1}^n \frac{\partial N_p}{\partial \xi_2}u_1^p + \frac{\partial N_k}{\partial \xi_2}\sum_{p=1}^n \frac{\partial N_p}{\partial \xi_1}u_1^p\right]_k \\[2mm] B_{NL-2} = \frac{1}{2}\left[\frac{\partial N_k}{\partial \xi_1}\sum_{p=1}^n \frac{\partial N_p}{\partial \xi_2}u_2^p + \frac{\partial N_k}{\partial \xi_2}\sum_{p=1}^n \frac{\partial N_p}{\partial \xi_1}u_2^p\right]_k \\[2mm] B_{NL-3} = \frac{1}{2}\left[\frac{\partial N_k}{\partial \xi_1}\sum_{p=1}^n \frac{\partial N_p}{\partial \xi_2}u_3^p + \frac{\partial N_k}{\partial \xi_2}\sum_{p=1}^n \frac{\partial N_p}{\partial \xi_1}u_3^p\right]_k \end{cases} \quad (4.15)$$

L'équation d'équilibre correspondant est non linéaire à cause des non linéarités géométriques et matérielles. L'équation d'équilibre (4.4) est linéarisée sur chaque incrément par la méthode de Newton. L'approximation par éléments finis permet d'écrire la forme discrète de l'équation d'équilibre sous la forme suivante :

$$A_{\text{éléments}}\left[\sum_{\text{mèches}} \int_{l_0} \left[D_u[E_{c,t}^f]\right]^i \Delta \underline{u}^i \frac{\partial T_{c,t}^f}{\partial E_{c,t}^f}\left[D_u[E_{c,t}^f]\right]^i \eta \, ds_0\right]$$

$$+$$

$$A_{\text{éléments}}\left[\sum_{\text{mèches}} D_u\left(\left[D_u[E_{c,t}^f]\right]^i \eta\right)\Delta \underline{u}^i [T_{c,t}^f]^i ds_0\right] \qquad (4.16)$$

$$=$$

$$A_{\text{éléments}}\left[-\sum_{\text{mèches}} \int_{l_0} \left[D_u[E_{c,t}^f]\right]^i \eta [T_{c,t}^f]^i ds_0 + \eta_s F_{ext}^e\right]$$

Ce système peut se mettre sous la forme matricielle suivante :

$$A_{\text{éléments}}\left[[K^e + K^e_G]^i(\Delta\underline{u})^i\right] = A_{\text{éléments}}\left[F^e_{ext} + [F^e_{int}]^i\right] \tag{4.17}$$

Avec $[K^e]^i$: Matrice de rigidité élémentaire à l'itération i, $[K^e_G]^i$ la matrice de raideur géométrique, $[F^e_{int}]^i$ le vecteur des efforts nodaux intérieurs, $[F^e_{ext}]$ le vecteur des efforts nodaux extérieurs élémentaires et $(\Delta\underline{u})^i$ l'incrément de déplacement nodal.

Les expressions de la matrice de rigidité, de matrice de raideur géométrique et du vecteur des forces intérieures sont données par les expressions suivantes :

$$[K^e]_{rs} = \sum_{\text{mèches}} \int_{l_0} B_{ij} \frac{\partial T^f_1(E^f_{c,t})}{\partial E^f_{c,t}} B_{kp} \left(\underline{g}^{0i}.\underline{f}_{01}\right)\left(\underline{g}^{0j}.\underline{f}_{01}\right)\left(\underline{g}^{0k}.\underline{f}_{01}\right)\left(\underline{g}^{0p}.\underline{f}_{01}\right) ds_0 \tag{4.18}$$

Et

$$[K^e_G]_{rs} = \sum_{\text{mèches}} \int_{l_0} T^f_{c,t}(E^f_{c,t}) \left(\frac{\partial N_k}{\partial \xi_i}\frac{\partial N_p}{\partial \xi_i}\right)\left(\underline{g}^{0i}.\underline{f}_{01}\right)\left(\underline{g}^{0j}.\underline{f}_{01}\right) ds_0 \tag{4.19}$$

Et

$$[F^e_{int}] = \sum_{\text{mèches}} \int_{l_0} T^f_{c,t}(E^f_{c,t}) B_{ijr} \left(\underline{g}^{0i}.\underline{f}_{01}\right)\left(\underline{g}^{0j}.\underline{f}_{01}\right) ds_0 \tag{4.20}$$

$\underline{f}_{01}$ représente la direction des fibres chaîne ou trame.

III.3. Cas des éléments finis structurés

Le premier type d'élément fini appartient à la configuration structurée où la direction des fils est confondue avec la direction des vecteurs covariants (voir Figure IV-3). Compte tenu des équations ci-dessus nous pouvons formuler les opérateurs de déformation pour chacune des directions privilégiées si les vecteurs matériels de l'élément (g_{01}, g_{02}) et les vecteurs directeurs des fibres (f_{01}, f_{02}) sont confondus, c'est-à-dire : $f_{01} = \frac{g_{01}}{\|g_{01}\|}$ et $f_{02} = \frac{g_{02}}{\|g_{02}\|}$.

Deux types d'éléments finis sont étudiés dans le cas structuré **[Cherouat 94]**, **[Gelin 94]**, **[Cherouat 95]**, **[Boisse 05]** :

1. Elément quadrangulaire : le quadrangle à 4 nœuds dénommé Q4TS, les coordonnées naturelles ξ_1 et ξ_2 dans l'élément de référence sont définies dans les intervalles $-1 \leq \xi_1 \leq 1$ et $-1 \leq \xi_2 \leq 1$. Afin de simplifier les expressions de la matrice de rigidité linéaire et non linéaire géométrique et du vecteur des efforts intérieurs décrits ci-dessus. Nous transformons la sommation sur le nombre de mèches en une sommation sur deux mèches particulières dans chacune des directions. On montre que si **n** mèches sont positionnées régulièrement dans l'élément on obtient :

- La matrice de rigidité s'écrit sous la forme :

$$[K^e]_{rs} = \sum_{p=1}^{2} \left(\frac{\partial T_t^f(\xi_2^p)}{\partial E_t^f} + \frac{\partial T_t^f(\xi_2^p)}{\partial E_c^f} \right) B_{1s}(\xi_2^p) B_{1r}(\xi_2^p) \frac{n_1}{\left\| \underline{g}_{01} \right\|^3} + \sum_{p=1}^{2} \left(\frac{\partial T_c^f(\xi_1^p)}{\partial E_t^f} + \right.$$

$\partial T c f \xi 1 p \partial E c f B 2 s \xi 1 p B 2 r \xi 1 p n 2 g 023$ \hfill (4.21)

- La matrice de rigidité géométrique s'écrit alors sous la forme suivante :

$$[K_G^e]_{rs} = \sum_{p=1}^{2} T_t^f(\xi_2^p) \left(\frac{\partial N_r(\xi_2^p)}{\partial \xi_1^p} \frac{\partial N_s(\xi_2^p)}{\partial \xi_1^p} \right) \frac{n_1}{\left\| \underline{g}_{01} \right\|} + \sum_{p=1}^{2} T_c^f(\xi_1^p) \left(\frac{\partial N_r(\xi_1^p)}{\partial \xi_2^p} \frac{\partial N_s(\xi_1^p)}{\partial \xi_2^p} \right) \frac{n_2}{\left\| \underline{g}_{02} \right\|} \quad (4.22)$$

- Le vecteur des efforts intérieurs élémentaire :

$$[F_{int}^e]_r = \sum_{p=1}^{2} T_t^f(\xi_2^p) B_{1r}(\xi_2^p) \frac{n_1}{\left\| \underline{g}_{01} \right\|} + \sum_{p=1}^{2} T_c^f(\xi_1^p) B_{2r}(\xi_1^p) \frac{n_2}{\left\| \underline{g}_{02} \right\|} \quad (4.23)$$

Avec

$$\xi_1^p = \pm \sqrt{\frac{n_1^2 - 1}{3n_1^2}} \text{ et } \xi_2^p = \pm \sqrt{\frac{n_2^2 - 1}{3n_2^2}} \quad (4.24)$$

2. Elément triangulaire : le triangle à 3 nœuds dénommé T3TS à interpolation linéaire, l'opérateur d'interpolation B et les vecteurs matériels covariants g_{01} et g_{02} sont constants sachant que les coordonnées naturelles ξ_1 et ξ_2 sur la surface moyenne de l'élément de référence $0 \le \xi_1 \le 1$ et $0 \le \xi_2 \le 1$ et $0 \le 1 - \xi_1 - \xi_2 \le 1$.

- La matrice élémentaire de rigidité

$$[K^e]_{rs} = \left(\frac{\partial T_t^f(\xi_2^p)}{\partial E_t^f} + \frac{\partial T_t^f(\xi_2^p)}{\partial E_c^f} \right) B_{1s} B_{1r} \frac{n_1}{\left\| \underline{g}_{01} \right\|^3} + \left(\frac{\partial T_c^f(\xi_1^p)}{\partial E_t^f} + \frac{\partial T_c^f(\xi_1^p)}{\partial E_c^f} \right) B_{2s} B_{2r} \frac{n_2}{\left\| \underline{g}_{02} \right\|^3} \quad (4.25)$$

- La matrice élémentaire de raideur géométrique

$$[K_G^e]_{rs} = \frac{1}{2} T_t^f(\xi_2^i) \left(\frac{\partial N_r}{\partial \xi_1} \frac{\partial N_s}{\partial \xi_1} \right) \frac{n_1}{\left\| \underline{g}_{01} \right\|} + \frac{1}{2} T_c^f(\xi_1^i) \left(\frac{\partial N_r}{\partial \xi_2} \frac{\partial N_s}{\partial \xi_2} \right) \frac{n_2}{\left\| \underline{g}_{02} \right\|} \quad (4.26)$$

- Le vecteur élémentaire des efforts intérieurs

$$[F_{int}^e]_r = \frac{1}{2} T_t^f (\xi_2^i) B_{1r} \frac{n_1}{\|g_{01}\|} + \frac{1}{2} T_c^f (\xi_1^i) B_{2r} \frac{n_2}{\|g_{02}\|} \tag{4.27}$$

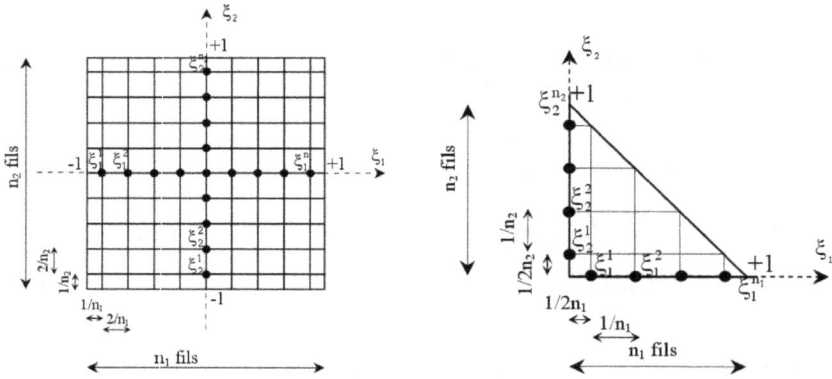

Figure IV-3 : Présentation d'un élément fini structuré : le triangle T3TS et le quadrangle Q4TS

III.4. Cas des éléments finis non structurés

Le deuxième type d'élément fini appartient à la configuration non structurée où la direction des fils est différente de la direction des vecteurs covariants. Compte tenu des équations ci-dessus nous pouvons formuler les opérateurs de déformation pour chacune des directions privilégiées. Dans ce cas de configuration, les vecteurs directeurs des fibres de chaîne f_{02} et de trame f_{01} ne sont pas confondus avec les vecteurs matériels de l'élément tissé (g_{01}, g_{02}).

1. Cas du quadrangle : pour le quadrangle à 4 nœuds dénommé Q4TNS (Figure IV-4), l'opérateur de déformation pour chaque direction trame $[B_{1s}(\xi_2)]$ et chaîne $[B_{2r}(\xi_1)]$ s'écrivent :

$$\begin{cases} B_{1s}(\xi_2) = [B_{11}]_s (g^{01}.f_{01})^2 + [B_{22}]_s (g^{02}.f_{01})^2 + 2[B_{12}]_s (g^{01}.f_{01})(g^{02}.f_{01}) \\ B_{2r}(\xi_1) = [B_{11}]_r (g^{01}.f_{02})^2 + [B_{22}]_r (g^{02}.f_{02})^2 + 2[B_{12}]_r (g^{01}.f_{02})(g^{02}.f_{02}) \end{cases} \tag{4.28}$$

- La matrice de rigidité élémentaire :

$$[K^e]_{rs} = 2 \sum_{i=1}^{n_1} \left(\frac{\partial T_{11}^f(\xi_2^i)}{\partial E_{11}^f} + \frac{\partial T_{11}^f(\xi_2^i)}{\partial E_{22}^f} \right) B_{1s}(\xi_2^i) B_{1r}(\xi_2^i) \|g_{01}\| + 2 \sum_{i=1}^{n_2} \left(\frac{\partial T_{11}^f(\xi_1^i)}{\partial E_{11}^f} + \right.$$

$$\left. \frac{\partial T_{11}^f(\xi_1^i)}{\partial E_{22}^f} \right) B_{2s}(\xi_1^i) B_{2r}(\xi_1^i) \|g_{02}\| \tag{4.29}$$

- La matrice de raideur géométrique élémentaire on définit les quantités θ_1 et θ_2 :

$$[K_G^e]_{rs} = 2\sum_{i=1}^{n_1} T_{11}^f(\xi_2^i)\left(\frac{\partial N_r(\xi_2^i)}{\partial \xi_1^i}\frac{\partial N_s(\xi_2^i)}{\partial \xi_1^i}\right)\|g_{01}\|\theta_1 +$$

$$2\sum_{i=1}^{n_2} T_{11}^f(\xi_2^i)\left(\frac{\partial N_r(\xi_1^i)}{\partial \xi_2^i}\frac{\partial N_s(\xi_1^i)}{\partial \xi_2^i}\right)\|g_{02}\|\theta_2 \tag{4.30}$$

Avec

$$\begin{cases}\theta_1 = (g^{01}.f_{01})^2 + (g^{02}.f_{01})^2 + 2(g^{01}.f_{01})(g^{02}.f_{01}) \\ \theta_2 = (g^{01}.f_{02})^2 + (g^{02}.f_{02})^2 + 2(g^{01}.f_{02})(g^{02}.f_{02})\end{cases} \tag{4.31}$$

- Le vecteur des efforts intérieurs élémentaire

$$[F_{int}^e]_r =$$

$$2\sum_{i=1}^{n_1} T_{11}^f(\xi_2^i)B_{1r}(\xi_2^i)\|g_{01}(\xi_2^i)\|\theta_1 + 2\sum_{i=1}^{n_2} T_{11}^f(\xi_1^i)B_{1r}(\xi_1^i)\|g_{02}(\xi_1^i)\|\theta_2 \tag{4.32}$$

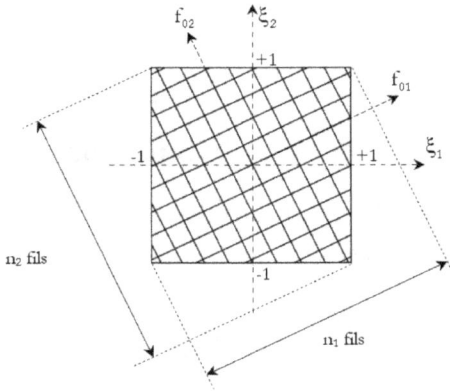

Figure IV-4 : Présentation d'un élément fini quadrangulaire non structuré Q4TNS

2. cas du triangle : Pour le triangle à 3 nœuds dénommé T3TNS (Figure IV-5) à interpolation linéaire, l'opérateur d'interpolation B et les vecteurs matériels covariants g_{01} et g_{02} sont constants.

- La matrice élémentaire de rigidité

$$[K^e]_{rs} =$$

$$\frac{n_1}{2}\left(\frac{\partial T_{11}^f(\xi_2^p)}{\partial E_{11}^f} + \frac{\partial T_{11}^f(\xi_2^p)}{\partial E_{22}^f}\right)B_{1s}B_{1r}\|g_{01}\|\theta_1 + \frac{n_2}{2}\left(\frac{\partial T_{11}^f(\xi_1^p)}{\partial E_{11}^f} + \frac{\partial T_{11}^f(\xi_1^p)}{\partial E_{22}^f}\right)B_{2s}B_{2r}\|g_{02}\|\theta_2 \tag{4.33}$$

- La matrice élémentaire de raideur géométrique

$$[K_G^e]_{rs} = \frac{n_1}{2} T_{11}^f(\xi_2^i) \left(\frac{\partial N_r}{\partial \xi_1}\frac{\partial N_s}{\partial \xi_1}\right) \|g_{01}\|\theta_1 + \frac{n_2}{2} T_{11}^f(\xi_1^i) \left(\frac{\partial N_r}{\partial \xi_2}\frac{\partial N_s}{\partial \xi_2}\right) \|g_{02}\|\theta_2 \quad (4.34)$$

- Le vecteur élémentaire des efforts intérieurs

$$[F_{int}^e]_r = \frac{n_1}{2} T_{11}^f(\xi_2^i) B_{1r} \|g_{01}\|\theta_1 + \frac{n_2}{2} T_{11}^f(\xi_1^i) B_{2r} \|g_{02}\|\theta_2 \quad (4.35)$$

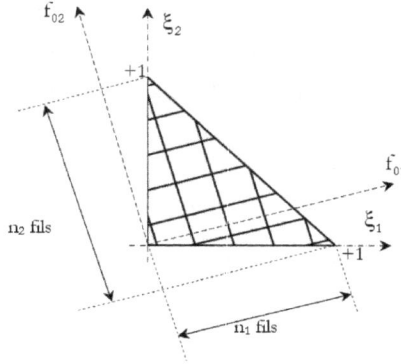

Figure IV-5 : Présentation d'un élément fini triangulaire non structuré T3TNS

IV. Intégration des éléments spécifiques tissés

Pour la validation de cette théorie et tester les éléments finis sur des exemples de simulations numériques, nous avons intégré cette formulation sur la plate-forme d'ABAQUS/implicite via la subroutine UEL. Comme pour le chapitre précédent, nous étudions dans un premier temps la validation du modèle de comportement sur des essais de traction uniaxiale et biaxiale.

IV.1. Généralités sur la formulation d'un UEL

La subroutine utilisateur UEL d'ABAQUS, permet d'intégrer des éléments finis développés par l'utilisateur pour des applications spécifiques. Elle est programmée pour tenir compte de la contribution de l'élément fini au modèle numérique. Pour la formulation d'un élément fini, on définit la contribution principale au modèle durant l'analyse du résidu :

$$F^N = \int_S N^N t dS + \int_V N^N f dV - \int_V B^N : \sigma dV \quad (4.36)$$

où N^N et B^N représente respectivement les fonctions de forme et l'opérateur de déformation. t, f et σ représentent respectivement les efforts extérieurs surfacique et volumique et les contraintes internes.

IV.1.1. Variables propres à la définition d'un élément fini UEL

Elle peut être utilisée avec une analyse statique ou dynamique implicite pour la résolution d'un problème mécanique (sollicitation en traction, en cisaillement, en mise en forme, …). Pour intégrer cette subroutine sur la plate forme de ABAQUS, il est nécessaire de définir les variables permettant la résolution du problème posé. En effet, quatre variables sont nécessaires pour la définition d'un élément fini.

IV.1.1.a. Matrice jacobienne

La première variable à définir contient la contribution de l'élément à la matrice jacobienne. Cette contribution varie selon le type d'analyse. Dans le cas d'un problème statique implicite, elle contient la matrice de rigidité définie au point d'intégration.

$$K^{NM} = -\frac{\partial R^N}{\partial u^M} = -\frac{\partial F^N}{\partial u^M} \tag{4.37}$$

où R est le résidu qui représente la différence entre l'effort extérieur et intérieur. N et M sont des indices entier variant de 1 jusqu'au nombre de degré de liberté de l'élément.

Dans le cas d'une analyse en dynamique implicite, quatre cas se présentent. Le premier correspond à l'utilisation d'un incrément de temps normal avec utilisation du schéma d'intégration de Hilbert-Hughes.

$$F^N = -M^{NM}\ddot{u}_{t+\Delta t} - (1 + \alpha)G^N_{t+\Delta t} + \alpha G^N_t \tag{4.38}$$

La matrice jacobienne est définie alors par :

$$M^{NM}\left(\frac{d\ddot{u}}{du}\right) + (1 + \alpha)K^{NM} \tag{4.39}$$

où M^{NM} est la matrice masse, α est un paramètre d'intégration, K^{NM} est la matrice de rigidité, $G_{t+\Delta t}^{N}$ représente le vecteur des efforts internes à l'incrément courant et G_{t}^{N} représente le vecteur des efforts internes à la fin de l'incrément précédent.

Le deuxième cas présente l'utilisation de la méthode d'intégration de Hilbert-Hugues pour le calcul semi-implicite :

$$F_{1/2}^{N} = M^{NM}\ddot{u}_{t+\frac{\Delta t}{2}} + (1+\alpha)G_{t+\frac{\Delta t}{2}}^{N} - \frac{\alpha}{2}(G_{t}^{N} - G_{t-}^{N}) \tag{4.40}$$

Où G_{t-}^{N} représente le vecteur des efforts internes au début de l'incrément précédent.

Pour les deux derniers cas la matrice jacobienne est égale à la matrice masse. Elle est déterminée par la résolution de systèmes d'équations pour la détermination respective de l'incrément de vitesse et de l'accélération initiale :

$$[M]^{NM}\{\Delta\dot{u}\}^{M} = \{0\} \quad et \quad [M]^{NM}\{\ddot{u}\}^{M} + \{G\}^{N} = \{0\} \tag{4.41}$$

IV.1.1.b. Vecteur d'effort résiduel

La deuxième variable à définir correspond au vecteur de résidu qui représente la différence entre l'effort interne et externe. Dans le cas d'une analyse statique, le vecteur RHS (Right-Hand Side) est égal à l'opposé de l'effort intérieur, on l'écrit :

$$F^{N} = -F_{intérieur} \tag{4.42}$$

Dans le cas d'une analyse dynamique, le vecteur est défini selon la procédure d'intégration. Avec le schéma d'intégration de Hilber-Hugues et avec une incrémentation normale, le résidu "RHS" est défini par la formule suivante :

$$F^{N} = -M^{NM}\ddot{u}_{t+\Delta t} - (1+\alpha)G_{t+\Delta t}^{N} + \alpha G_{t}^{N} \tag{4.43}$$

Avec une analyse semi-implicite basée sur le schéma d'intégration de Hilbert-Hugues, le vecteur "RHS" s'écrit sous la forme suivante :

$$F_{1/2}^{N} = M^{NM}\ddot{u}_{t+\frac{\Delta t}{2}} + (1+\alpha)G_{t+\frac{\Delta t}{2}}^{N} - \frac{\alpha}{2}(G_{t}^{N} - G_{t-}^{N}) \tag{4.44}$$

Enfin dans le cas du calcul de l'accélération initiale, le vecteur "RHS" est égal à l'effort intérieur.

IV.2. Algorithme et procédure de résolution

L'option d'utilisation d'un élément fini intégré via une UEL n'est disponible qu'avec ABAQUS/Standard, elle peut être utilisée avec une analyse statique implicite ou une analyse dynamique implicite. Dans les deux cas, le problème consiste à déterminer le vecteur de déplacement des nœuds. En intégrant une UEL sur la plateforme d'ABAQUS/standard on dispose alors de deux schémas d'intégration **[Abaqus 06]**.

IV.2.1. Schéma d'intégration implicite en statique

La résolution du problème par éléments finis avec une analyse statique consiste à calculer la matrice de rigidité et le second membre pour déterminer les valeurs du vecteur déplacement suivant l'algorithme suivant (voir algorithme sur la Figure IV-6) :

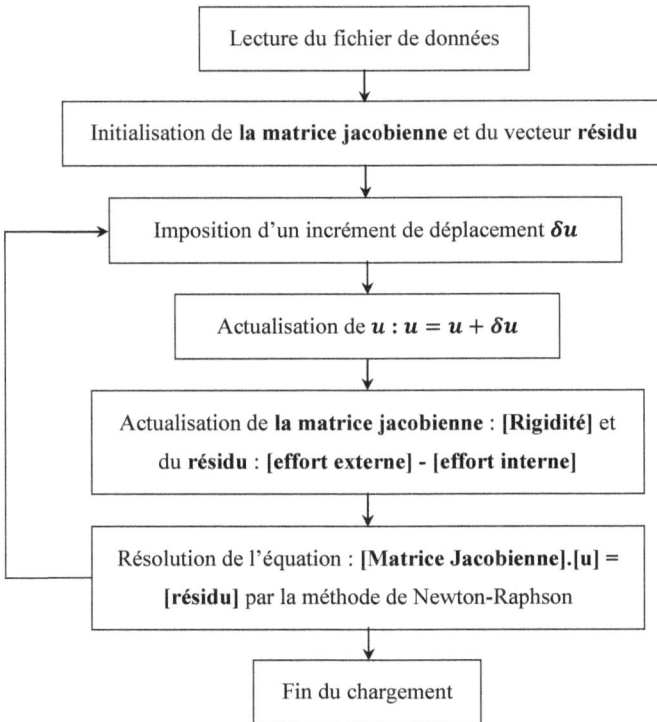

Figure IV-6 : Résolution de l'équation d'équilibre dans le cas d'une analyse statique

IV.2.2. Schéma d'intégration implicite en dynamique

Dans le cas d'une analyse dynamique, le problème consiste à résoudre l'équation du mouvement pour déterminer le champ des déplacements de la structure à un instant donné. Le schéma d'intégration de ABAQUS/Explicit se base uniquement sur l'état du système à l'incrément précédent (t) pour calculer l'état du système à l'incrément courant $(t + \Delta t)$. Pour le schéma implicite, ABAQUS/Standard résout le problème d'équation non linéaire en se basant à la fois sur les valeurs de l'incrément t et $t + \Delta t$. Pour avoir un résultat plus précis, le schéma de Hilbert-Hugues se base sur le résultat déterminé à l'instant $t + \Delta t$ (Figure IV-7) pour vérifier l'équation de l'équilibre dynamique à l'instant $t + \Delta t/2$.

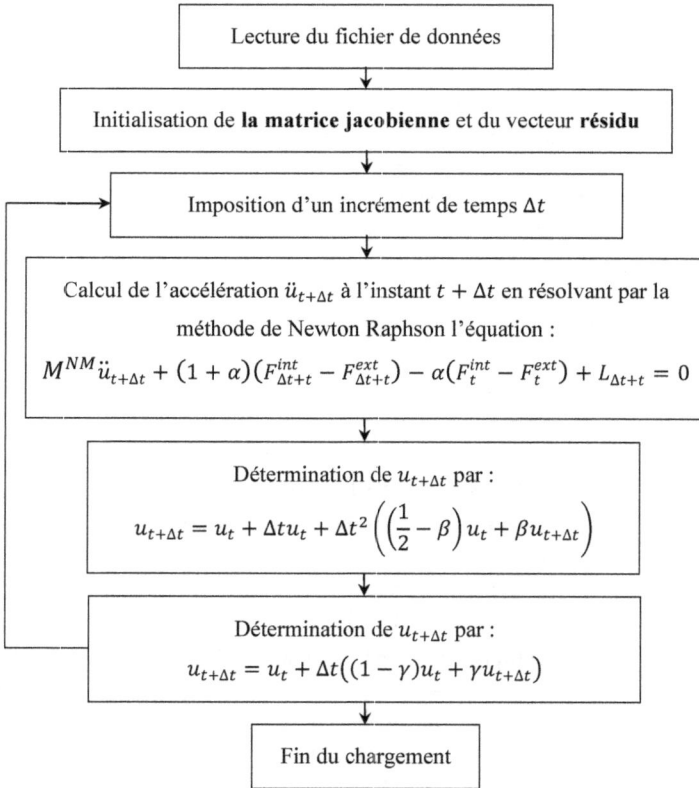

```
┌─────────────────────────────────────┐
│      Lecture du fichier de données   │
└─────────────────────────────────────┘
                  ↓
┌─────────────────────────────────────────────────┐
│ Initialisation de la matrice jacobienne et du     │
│ vecteur résidu                                    │
└─────────────────────────────────────────────────┘
                  ↓
┌─────────────────────────────────────────────────┐
│  Imposition d'un incrément de temps Δt            │
└─────────────────────────────────────────────────┘
                  ↓
```

Calcul de l'accélération $\ddot{u}_{t+\Delta t}$ à l'instant $t + \Delta t$ en résolvant par la méthode de Newton Raphson l'équation :

$$M^{NM}\ddot{u}_{t+\Delta t} + (1 + \alpha)\left(F^{int}_{\Delta t+t} - F^{ext}_{\Delta t+t}\right) - \alpha\left(F^{int}_t - F^{ext}_t\right) + L_{\Delta t+t} = 0$$

Détermination de $u_{t+\Delta t}$ par :

$$u_{t+\Delta t} = u_t + \Delta t u_t + \Delta t^2\left(\left(\frac{1}{2} - \beta\right)u_t + \beta u_{t+\Delta t}\right)$$

Détermination de $u_{t+\Delta t}$ par :

$$u_{t+\Delta t} = u_t + \Delta t\big((1 - \gamma)u_t + \gamma u_{t+\Delta t}\big)$$

Fin du chargement

Figure IV-7 : Résolution de l'équation d'équilibre dans le cas d'une analyse dynamique

Où $L_{t+\Delta t}$ est un vecteur multiplicateur de Lagrange, les valeurs de β et γ sont déterminées par :

$$\beta = \frac{1}{4}(1 - \alpha)^2; \ \beta = \frac{1}{2} - \alpha; \ -\frac{1}{3} \leq \alpha \leq 0 \tag{4.45}$$

IV.2.3. Schéma d'intégration statique implicite

Puisque les éléments finis de type structuré représentent un cas particulier des éléments non structurés, nous établissons l'algorithme approprié à ce cas de figure afin de calculer les variables nécessaires pour la définition des éléments finis de type triangle et quadrangle. Le calcul des ces variables est ordonné suivant l'organigramme suivant (Figure IV-8) :

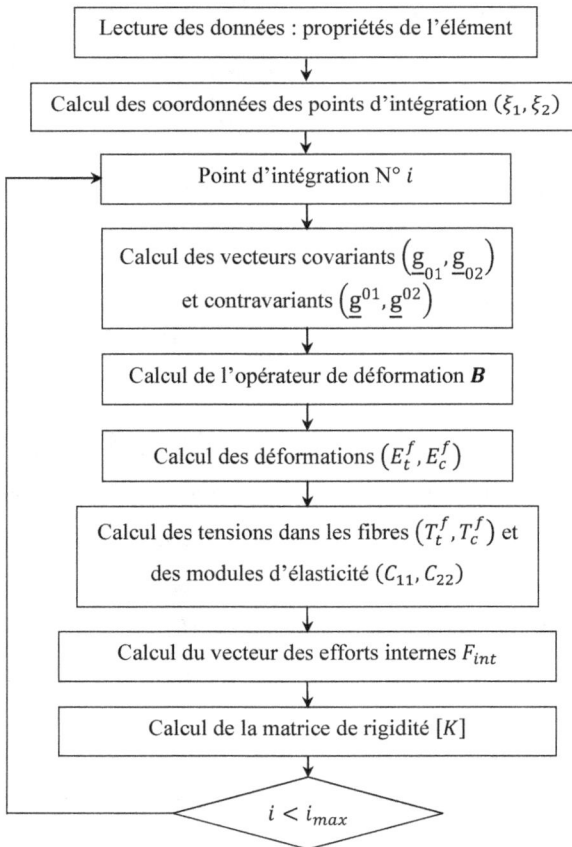

Figure IV-8 : Algorithme de calcul des variables de l'élément fini en analyse statique

129

IV.2.4. Application à la traction uni-axiale en fibres de verre

Pour la validation de la discrétisation par éléments finis implémentés dans ABAQUS via la subroutine UEL, le premier essai concerne la traction d'un tissu en fibres de verre avec un nombre de mèches différent et avec des angles d'orientations différents ($0°$ et $30°$). Les essais expérimentaux sont réalisés par **[Sabhi 93]**. Le comportement local est non-linéaire par morceau. La réponse de la simulation est très proche de l'expérience surtout au niveau des deux zones. Par contre au niveau de la rupture on enregistre un léger décalage entre les deux courbes (voir Figure IV-9).

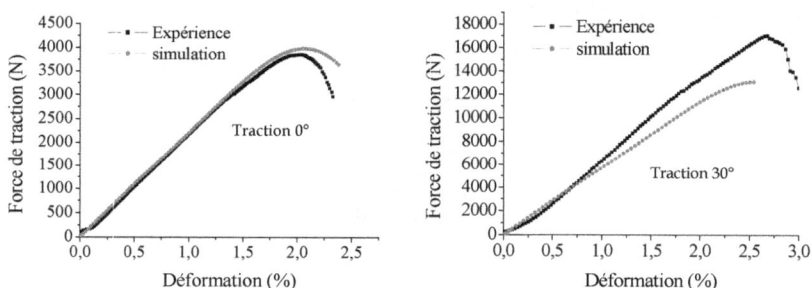

Figure IV-9: Essai de traction sur un tissu en fibres de verre à $0°$ (a) et $30°$ (b)

IV.2.5. Application à la traction uni-axiale d'une étoffe en polyamide-élasthanne

Le second exemple concerne la traction d'une étoffe tissée dont les caractéristiques sont données dans le Tableau IV-1. Les paramètres du modèle (voir modèle donné par l'équation 3.8) sont déterminés par la méthode des moindres carrés en tenant compte de la courbe expérimentale qui exprime la force de tension en fonction de la déformation qui est la réponse locale présentée (Figure IV-10). Les valeurs des paramètres peuvent être déterminées par rapport à la courbe d'évolution de l'énergie en fonction de la déformation :

	Nombre de fils /cm	Section du fil	α	β
chaîne	64	0.17	2.3	135
trame	64	0.16	2.1	142

Tableau IV-1 : Caractéristiques mécanique et physique de l'étoffe

130

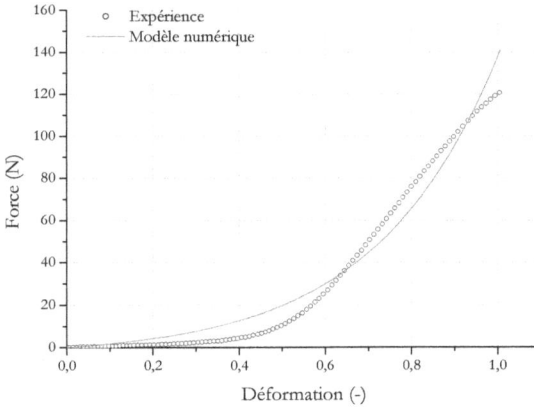

Figure IV-10 : Courbe force – déformation de la traction uniaxiale

Pour l'identification des paramètres du modèle de comportement uniaxial, nous nous sommes basés sur l'étude expérimentale réalisée au chapitre précédent. Dans un premier temps nous avons étudié le comportement uniaxial qui ne présente aucune interaction entre les deux directions principales. Puis, nous avons étudié l'effet de l'interaction entre les fils avec le modèle de comportement biaxial.

Pour commencer, on utilise les valeurs déterminées par la méthode des moindres carrés par rapport à la réponse locale. En analysant le résultat obtenu au niveau de la réponse globale (Figure IV-10), nous constatons qu'il y a une différence entre la courbe numérique et la courbe expérimentale. Cette différence se localise au niveau des trois phases de chargement (redressement des fils, friction entre les fils et mise en tension des fils). La simulation d'un essai de traction uniaxiale par un modèle uniaxial est équivalente à la simulation d'un essai de traction sur un ensemble de fils alignés dans la direction de chargement.

Afin de caractériser le comportement uniaxial et d'identifier les paramètres du modèle qui correspondent le mieux possible avec l'expérience, on applique la méthode d'identification par approche inverse couplée avec l'algorithme d'optimisation de Levenberg-Marquardt (voir chapitre III). Les paramètres à optimiser sont ceux du modèle de comportement (α et β) et les paramètres fixes sont le nombre de fils de chaînes et de trames par centimètres.

Les tableaux IV-2 et IV-3 ainsi que les graphes de la Figure IV-11 représentent la variation des paramètres du modèle de comportement et de l'erreur entre les courbes numériques et expérimentales au cours des itérations. Ces résultats montrent l'apport de l'identification par approche inverse qui est marquée par une diminution de l'erreur au cours des itérations. En effet, l'erreur entre les courbes décroît pour atteindre une diminution d'environ 50% par rapport à l'erreur initiale. D'après les valeurs identifiées, on constate également que le module initial d'élasticité de la direction chaîne est plus grand que celui des trames (0.069 N pour les chaînes et 0.028 pour les trames). Ce résultat est cohérent avec le comportement réel des étoffes étant donné que les fils de la direction chaîne sont initialement plus tendus que les fils de trame.

	Nombre de fils /cm	Section du fil	Erreur	α	β
Iter 1	64	0.16	45.65	0.95	23.5
Iter 6	64	0.16	168.19	1.60	51.53
Iter 15	64	0.16	32.28	1.10	31.57
Iter 61	64	0.16	21.1	1.67	24.1

Tableau IV-2 : Tableau des valeurs des paramètres du modèle après identification : direction chaîne

	Nombre de fils /cm	Section du fil	Erreur	α	β
Iter 1	64	0.16	48.0	0.9	26.0
Iter 6	64	0.16	32.1	1.67	65.54
Iter 15	64	0.16	35.2	1.08	37.43
Iter 58	64	0.16	22.66	1.58	66.85

Tableau IV-3 : Tableau des valeurs des paramètres du modèle après identification : direction trame

Les figures IV-12 et IV-13 illustrent les courbes numériques du comportement en traction uniaxiale dans la direction chaîne et trame avant et après identification par approche inverse. En comparant les deux figures, on peut constater l'atténuation de l'écart entre les deux courbes après identification. Cependant, on remarque qu'il y a toujours un écart entre les deux réponses et surtout au niveau de la deuxième phase de chargement (redressement des fils) qui correspond à l'atténuation de l'ondulation des fils. De même, au niveau de la troisième phase ou le comportement est linéaire, les courbes n'ont pas les mêmes pentes. Ainsi, à la rupture le modèle numérique prévoit un effort plus grand par rapport à l'expérience.

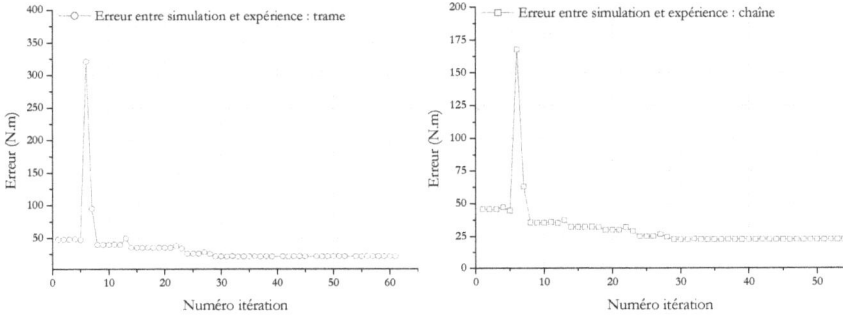

Figure IV-11 : Evolution de l'erreur entre réponse expérimentale et numérique

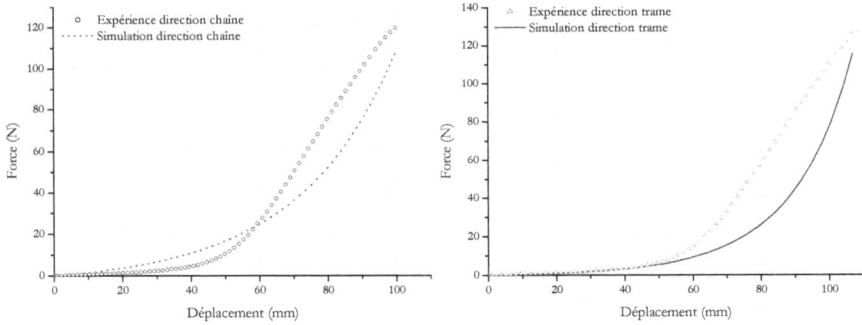

Figure IV-12 : Comparaison entre courbe numérique et expérimentale avant identification

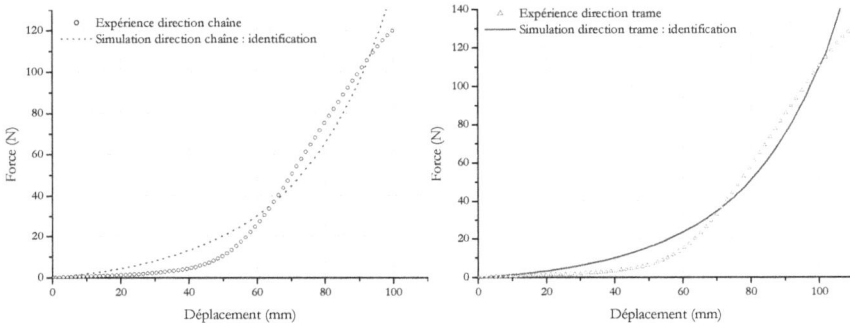

Figure IV-13 : Comparaison entre courbe numérique et expérimentale après identification

IV.2.6. Application au cisaillement simple d'un tissu en fibre de verre

Cet essai est réalisé pour l'identification des propriétés physiques de l'étoffe en cisaillement et particulièrement l'angle maximal de cisaillement de l'étoffe. Le dispositif d'essai est un cadre indéformable à quatre cotés égaux et articulés dont les directions sont articulées. Les directions de l'étoffe tissée type sergé en fibres de verre sont orientées selon la direction de chargement. Les valeurs expérimentales sont issues des travaux de [**Sabhi 1993**]. Le modèle numérique est comparé aux résultats expérimentaux sur la Figure VI-14.

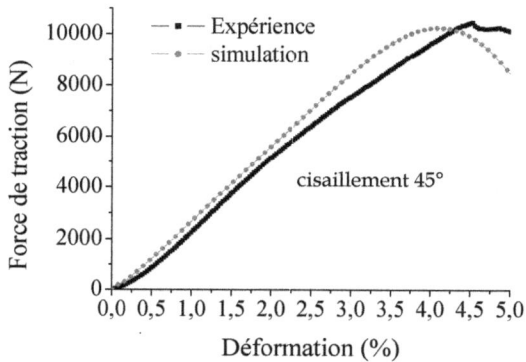

Figure IV-14 : Essai de cisaillement sur une étoffe tissée

IV.2.7. Application à la traction biaxiale

L'objectif de l'identification des paramètres du modèle de comportement biaxial sur un essai de traction biaxiale est de tenir compte de l'effet biaxial lors de la mise en forme Afin de trouver les valeurs des paramètres qui permettent de prédire le comportement de l'étoffe en traction, nous avons considéré la méthode d'identification par approche inverse. Les variables d'optimisation sont les paramètres des modèles de comportement des deux directions de l'étoffe (voir le modèle biaxiale donné par équation 3.16). L'opération la plus délicate dans cette approche se situe au niveau du choix des intervalles de variation de ces variables. En effet, des valeurs non cohérentes comme par exemple une faible différence entre α_1 et

α_2 peut entraîner la non convergence du calcul ainsi que l'arrêt de la procédure d'identification. Pour éviter cette problématique, nous choisissons des intervalles de variation avec une grande différence au niveau des bornes limites. Cependant, ce choix peut pénaliser la solution finale du problème d'optimisation. L'essai de traction biaxiale, consiste à appliquer un déplacement de 70 mm sur les quatre bords de l'éprouvette qui se présente initialement en forme de croix.

La Figure IV-15 illustre la répartition des tensions dans les fils de chaîne et de trame. On peut bien remarquer que la plus forte concentration se situe au niveau de la fixation de l'éprouvette et ceci pour les chaînes ainsi que les trames. Que ce soit pour la direction des chaînes ou des trames, la zone de faible concentration correspond à des fils qui ne sont pas directement sollicités par un effort de chargement mais qui sont sollicité par l'effet de l'interaction avec les fils de la direction transversale. La seule zone (voir Figure IV-15) de rupture où il y a une forte concentration de tension pour les chaînes et pour les trames, peut constituer un enclenchement de la déchirure et la rupture de l'étoffe. Cette théorie est cohérente avec l'expérience puisque la rupture s'enclenche à la bissectrice des deux directions de l'étoffe.

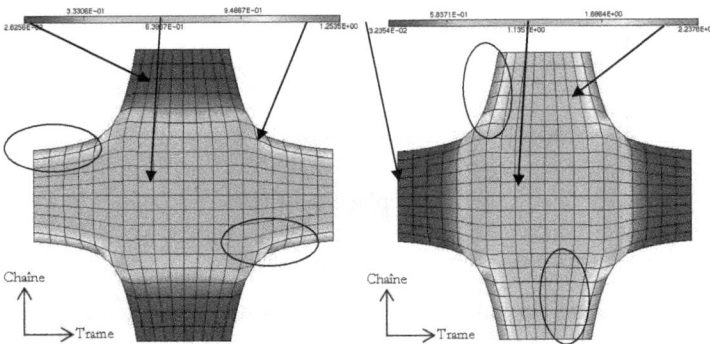

Figure IV-15 : Répartition des tensions dans les fils de chaîne en traction biaxiale simultanée

	Nombre de fils /cm	Section du fil	α_1	α_2	β
Chaîne	64	0.17	3.50	0.29	11.50
Trame	64	0.16	2.90	0.41	16.00

Tableau IV-4 : Valeurs des paramètres du modèle de comportement pour les chaînes et les trames

En plus de la répartition des tensions des fils, les courbes numériques enregistrées après identification sont en concordance avec l'expérience et présente un résultat satisfaisant par rapport celui de l'approche mésoscopique (Figure IV-16). Pour les deux directions, les courbes numériques et expérimentales sont rapprochées et ceci jusqu'à environ 60 mm de déplacement ce qui correspond aux deux premières phases de chargement. Pour la partie qui représente le chargement des fils, il y a une légère discordance surtout au niveau de la force limite qui est surestimée avec le modèle numérique. Malgré ce décalage, on peut dire que le modèle de comportement biaxial, permet de prédire les capacités de l'étoffe avec bien sûr une marge d'erreur.

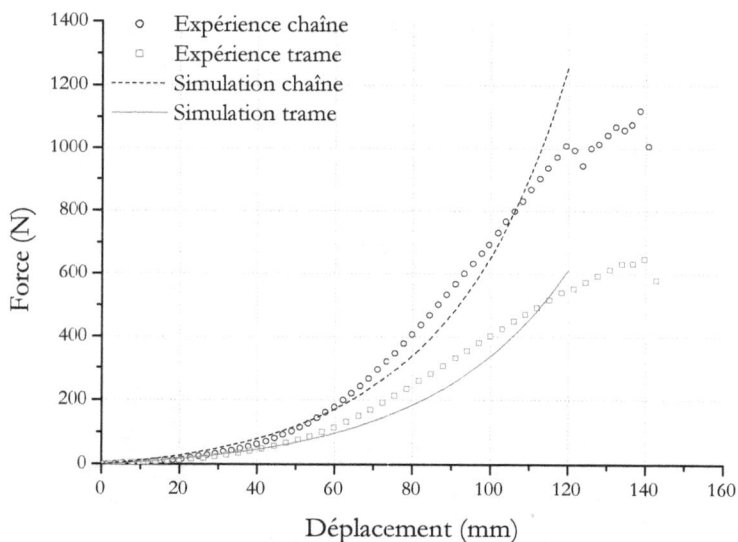

Figure IV-16 : Réponse globale pour essai de traction biaxiale simultanée

Le tableau IV-4 illustre les valeurs représentatives du comportement des directions chaîne et trame de l'étoffe. A première vue, les valeurs sont différentes de celles déterminées lors de l'identification sur essai de traction uniaxiale. Ceci s'explique par le phénomène biaxial qui est plus significatif dans le cas de traction simultanée et ceci influence considérablement le comportement des fils. Nous pouvons juger donc, que les valeurs identifiées sur l'essai biaxial sont plus représentatives du comportement de l'étoffe puisque elles tiennent compte des différents phénomènes.

Cependant, en appliquant ces valeurs pour simuler un essai de traction uniaxiale, on obtient certainement une large différence par rapport aux résultats expérimentaux.

Ce qu'on peut conclure par rapport à cette étude, c'est que le modèle biaxial avec couplage entre les deux directions de l'étoffe représente mieux le comportement des étoffes. Par contre, l'identification des paramètres de ce modèle dépend du mode de chargement. Avec ce modèle "macroscopique" spécifique nous avons obtenu des résultats satisfaisants par rapport à l'approche standard "mésoscopique" (discrétisation par éléments finis de barre et de membrane) surtout au niveau biaxial.

V. Procédure de remaillage adaptatif des étoffes

Dans la méthode des éléments finis les calculs s'appuient sur un maillage (discrétisation spatiale) associée à la géométrie du domaine dans lequel on désire effectuer la simulation. Leur précision dépend de la qualité des éléments (discrétisation spatiale) et du pas de temps (discrétisation temporelle). Plus ces derniers sont petits plus les calculs sont précis et plus la simulation est fiable. En pratique, il n'est pas possible de raffiner uniformément la taille des éléments autant que nécessaire, pour des raisons évidentes de coûts de calculs. Toutefois, il est possible d'optimiser le maillage en raffinant seulement dans des zones prédéfinies (où l'erreur est susceptible d'être plus importante qu'ailleurs) et en déraffinant en dehors de celles-ci : on parle ainsi d'adaptation de maillage. Ce processus est généralement dicté par des considérations liées, d'une part, à la géométrie du domaine (courbures) et d'autre part, à la physique du problème étudié (concentrations de contraintes, gradients thermiques). Il nécessite l'identification a priori des zones à raffiner et celles à déraffiner ainsi que les tailles à imposer, ce qui est en soi un exercice difficile. Traditionnellement, cette identification était le fruit d'une expérience et d'un savoir faire acquis par les spécialistes et les utilisateurs expérimentés. Les besoins industriels actuels préconisent de plus en plus l'automatisation complète des logiciels de calcul. Il s'avère important que les moyens mis en œuvre soient accessibles par la majorité des effectifs. On s'oriente ainsi vers une exigence d'automatisation du processus d'adaptation de maillage. Il devra être entièrement automatique sans requérir un savoir-faire particulier de la part de l'utilisateur.

L'automatisation du processus d'adaptation est en effet un problème largement étudié. Les procédures traditionnelles, et les plus utilisées, reposent sur des techniques de contrôle de l'erreur de discrétisation spatiale. Ce terme désigne l'écart entre la solution exacte du problème et la solution éléments finis. Ainsi, les ingrédients nécessaires à la mise en œuvre d'un tel processus concernent à la fois les aspects évaluation de la solution éléments finis, le calcul de la taille optimale des éléments pour satisfaire une précision donnée, et la génération d'un nouveau maillage respectant les tailles ainsi calculées.

La qualité de la solution éléments finis est mesurée par des techniques d'estimation d'erreur a posteriori. Les premiers travaux dans ce domaine datent de la fin des années 70. Depuis, il s'est enrichi grâce au développement de nouvelles approches, parmi lesquelles on peut distinguer principalement les travaux de Babuška [**Babuška 78**], qui utilisent les résidus des équations d'équilibre pour construire des estimateurs d'erreur, ceux de Ladevèze [**Ladevèze 96, 00 et 01**] qui ont introduit la notion d'erreur en relation de comportement, et les travaux de Zienkiewicz et Zhu [**Zienkiewicz 87**] qui ont proposé un estimateur d'erreur basé sur le calcul de l'écart entre la contrainte éléments finis et une contrainte continue obtenue par une technique de lissage de type moindres carrés.

Les techniques de remaillages présentées par Zienkiewicz et al. [**Zienkiewicz 91**], [**Rassineux 97**], Szabó et al. [**Szabó 91**], Ainsworth et al. [**Ainsworth 97**], Fourment et al. [**Fourment 94**], Coorevits et al. [**Coorevits 95, 96 et 04**], Coupez [**Coupez 00**], Borouchaki et al. [**Borouchaki 02**] sont basées sur le calcul d'une carte de taille pour un remaillage adaptatif global de la pièce à chaque itération. Ce genre de technique nécessite la connaissance a priori de la géométrie des outils de mise en forme. Cho et Yang [**Cho 02**] ont proposé un algorithme de raffinement consistant à partager chaque triangle à raffiner en deux. Cette procédure entraîne la création des petites arêtes et par suite des triangles dégénérés au cours des itérations répétitives de raffinement. Par ailleurs, toutes autres méthodes similaires de raffinement basées uniquement sur le cassage des arêtes aboutissent à la formation de petites arêtes ou d'éléments de mauvaises qualités en forme.

Dans cette étude, une technique de remaillage basée sur des critères géométriques est adaptée aux étoffes tissées. Elle est appliquée à l'étoffe en cours de déformation après chaque petit pas de déplacement des outils mobiles. Elle permet, en particulier :

- de raffiner le maillage courant de l'étoffe au cours de la simulation numérique dans les zones devenues courbes tout en préservant la qualité du maillage avant le raffinement,
- de déraffiner ce même maillage dans les zones redevenues plates.

Pour cela, nous proposons une procédure de remaillage par raffinement couplée avec ABAQUS afin d'adapter le maillage à la forme géométrique souhaitée en considérant un critère de courbure des éléments [**Giraud 03**]. L'opération de remaillage consiste à subdiviser les éléments ayant dépassé une courbure limite fixée pour créer de nouveaux éléments avec une taille plus petite. Le programme de raffinement et déraffinement réalisé au LASMIS pour la mise en forme des tôles métalliques se base sur le principe de l'évolution. En effet pour vérifier le critère de remaillage, on compare l'état de la configuration actuelle à toutes les configurations précédentes. Cette méthode permet de raffiner ou déraffiner le maillage en fonction d'un paramètre géométrique (courbure, variation angulaire) ou physique (état de contrainte, déformation plastique) [**Giraud 05**].

1. Cas de discrétisation avec éléments standard d'ABAQUS (barre+membrane)

La configuration initiale est composée par un nombre de fibres suivant les deux directions chaîne et trame et chaque fibre est discrétisée par un certain nombre d'éléments de barres. La procédure de remaillage par raffinement se base sur les deux hypothèses suivantes :

• Le nombre de fibres reste le même au cours du remaillage mais le nombre d'éléments de barre constituant la fibre peut varier lors du raffinement.

• Les éléments de membrane peuvent être subdivisés pour générer d'autres éléments de membrane de forme triangulaire ou quadrangulaire en fonction du niveau de remaillage.

La Figure IV-27 présente la procédure de raffinement de maillage. Dans tous les cas les éléments de barres sont crées sur les arêtes de l'élément dans la configuration initiale **[Giraud 01]**. L'algorithme de remaillage passe par différentes étapes :

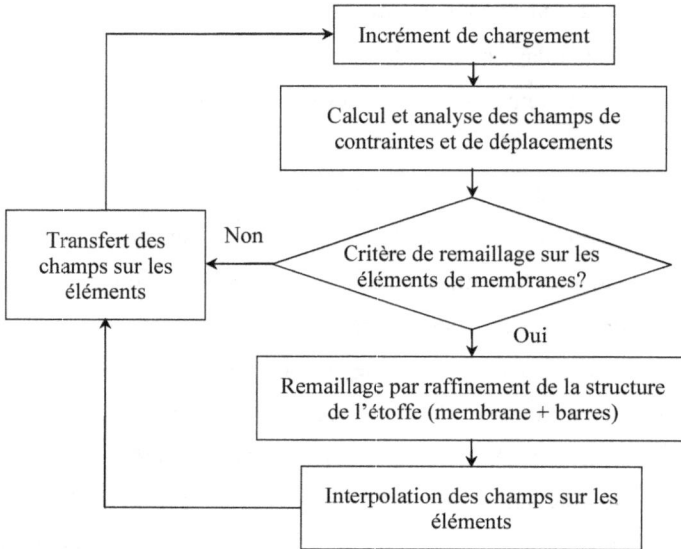

Figure IV-17 : Procédure de remaillage adaptatif

• La première étape correspond à l'application d'un incrément de chargement sur la configuration initiale. En effet, le chargement total est subdivisé sur le nombre d'itérations souhaitées.

• La deuxième étape intervient à la fin du chargement et elle consiste à calculer les valeurs des champs de déplacements et de contraintes dans les éléments. Les champs de déplacement permettent la constitution de maillage de la configuration suivante ainsi que l'actualisation des coordonnées des outils. Quant aux champs de contraintes, ils représentent les conditions initiales « type contrainte », pour la configuration suivante.

• La troisième étape consiste à tester le critère de remaillage désigné par la courbure limite des éléments. Si ce critère est vérifié et la courbure des éléments dépasse la limite fixée, la structure sera remaillée et de nouveaux éléments seront créés suivant les niveaux de remaillage (Figure IV-27). Si le critère n'est pas vérifié, on garde les mêmes éléments et on passe directement à la cinquième étape.

• La quatrième étape consiste à interpoler les champs calculés (de type contrainte, de type solution, …) sur les nouveaux éléments en cas de remaillage.

La cinquième étape permet de transférer les champs nécessaires pour en tenir compte dans les conditions initiales de la nouvelle configuration.

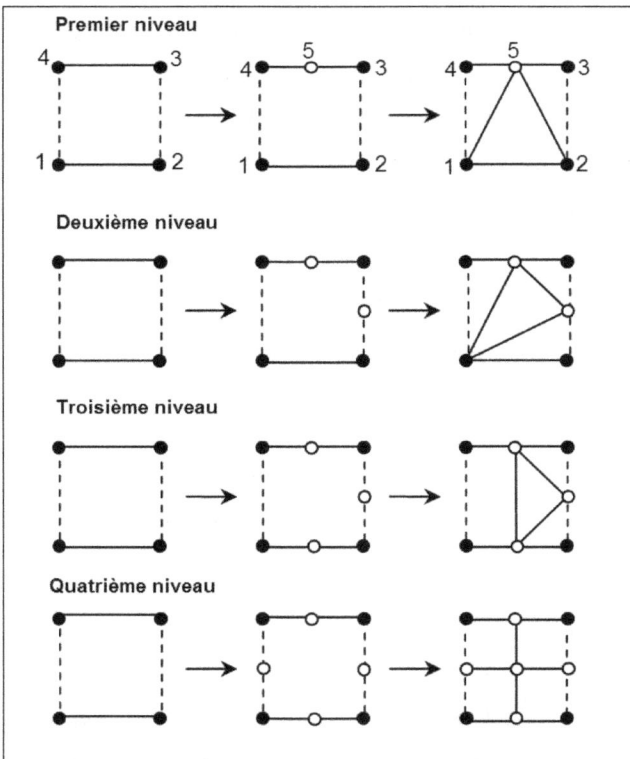

Figure IV-28 : Différents niveaux de remaillage avec éléments d'ABAQUS Standard

La Figure IV-28 présente les niveaux de remaillage d'un quadrangle. Les niveaux sont déterminés en fonction du nombre de nœuds ajoutés sur les arêtes de l'élément. Par illustration pour le premier niveau de raffinement : Dans la configuration initiale les connectivités [1-2, 4-3] sont de type barre (trame), [1-4, 2-3] sont de type barre (chaîne) et [1-2-3-4] de type membrane (élasthanne). Dans la configuration courante les connectivités [1-2, 3-5, 4-5] sont de type barre (trame), [1-4, 2-3] sont de type barres (chaîne) et [1-4-5, 1-2-5, 2-3-5] de type membrane (élasthanne). C'est le même principe qui s'applique aux autres niveaux de remaillage.

2. Cas des éléments spécifiques tisses UEL

Dans le cas des éléments tissés spécifiques UEL implémenté dans ABAQUS/IMPLICIT, le critère de remaillage est identique : raffiner ou déraffiner le maillage en fonction d'un paramètre géométrique (courbure, variation angulaire. Simplement la configuration initiale est composée d'élément fini (quadrangle ou triangle) dont le nombre de fibres suivant les deux directions chaîne et trame est fonction de la taille des cotés des éléments. La densité linéique de l'étoffe nous permet de calculer le nombre de fibre dans chaque élément et dans chaque direction. Le calcul de la matrice de rigidité (cinématique et géométrique) et le vecteur force interne est basé sur les critères suivants (voir Figure IV-29):

- type d'éléments finis (structuré ou non),
- famille d'éléments (triangle ou quadrangle),
- niveau de raffinement

Niveau de raffinement	Maillage	Type et famille d'éléments finis
1		Elément 1 T3TS: $n_1 = \dfrac{n_c}{2} \quad n_2 = n_t$ **Elément 2 T3TNS:** $n_1 = n_c \quad n_2 = n_t$

2	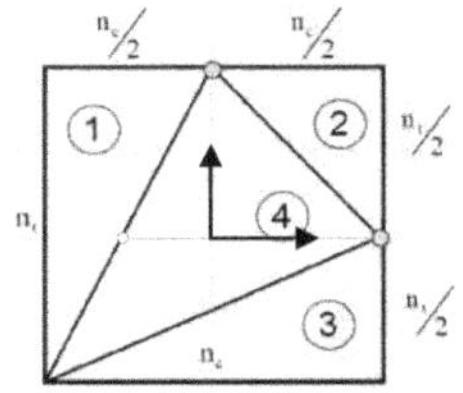	Elément 1 T3TS: $n_1 = \dfrac{n_c}{2} \quad n_2 = n_t$ Elément 2 T3TS: $n_1 = \dfrac{n_c}{2} \quad n_2 = \dfrac{n_t}{2}$ Elément 3 T3TS: $n_1 = n_c \quad n_2 = \dfrac{n_t}{2}$ **Elément 4 T3TNS:** $n_1 = n_c \quad n_2 = n_t$
3	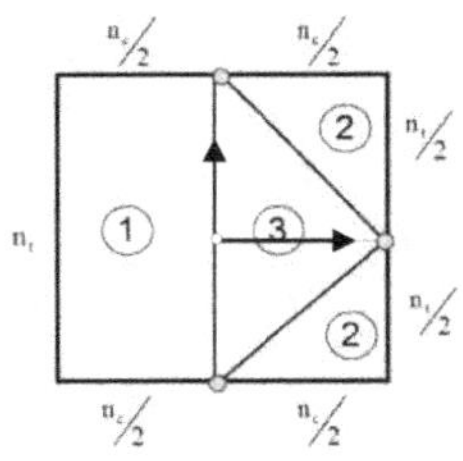	Elément 1 Q4TS: $n_1 = \dfrac{n_c}{2} \quad n_2 = n_t$ Elément 2 T3TS: $n_1 = \dfrac{n_c}{2} \quad n_2 = \dfrac{n_t}{2}$ **Elément 3 T3TNS:** $n_1 = \dfrac{n_c}{2} \quad n_2 = n_t$
4	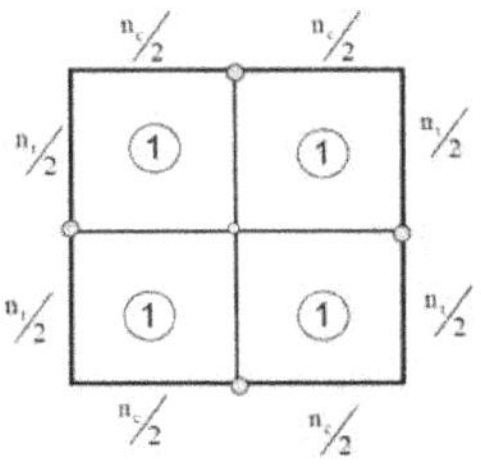	Elément 1 Q4TS: $n_1 = \dfrac{n_c}{2} \quad n_2 = \dfrac{n_t}{2}$

Figure IV-29 : Différents niveaux de remaillage avec éléments spécifiques UEL

VI. Conclusion

Comme conclusion de ce chapitre, nous pouvons dire que le modèle mésoscopique en élasticité linéaire permet de prédire approximativement l'aptitude de l'étoffe en déformation uniaxiale et tridimensionnelle. Pour une sollicitation biaxiale, la prédiction du modèle est loin de l'expérience. Cette différence est expliquée par l'absence d'interaction entre les fibres des deux directions de l'étoffe. De même, la discrétisation de l'étoffe par éléments finis de membrane pour l'élasthanne et des éléments de barre pour les fibres principales présente des avantages et également des inconvénients. Ses avantages, c'est qu'elle permet de représenter l'hétérogénéité de l'étoffe composée par deux matériaux différents et elle permet également de tenir compte des deux directions principales de l'étoffe au niveau comportement et au niveau direction. Ses inconvénients se situent au niveau du comportement mécanique, puisque les éléments de barre sont soudés entre eux au niveau des nœuds et ne permettent en aucun cas de prendre en considération l'interaction entre les fibres de deux directions. Les éléments finis de barres constituant la direction des trames sont indépendants de ceux des chaînes.

Chapitre V

Applications à la mise en forme des étoffes

I. Introduction

Dans le chapitre précédant nous avons présenté la modélisation mécanique du comportement macroscopique des étoffes. Les modèles proposés ont été identifiés sur des essais de traction uniaxiale et biaxiale et de cisaillement. La modélisation numérique avec remaillage adaptatif de l'équilibre des étoffes sous chargement quasi-statique est effectuée par deux méthodes :

• La première modélise, par élément fini bi-composant, le comportement en traction dans les deux directions privilégiés de l'étoffe (chaînes et trames pour les tissus voire rangées et colonnes pour les tricots) par des éléments barres élastiques ayant la rigidité en traction de l'étoffe dans les deux directions et le comportement en cisaillement par des éléments membranes élastiques ayant la rigidité en cisaillement de l'étoffe.

• La seconde modélise, par élément fini tissé, le comportement plan (biaxial) de l'étoffe par des éléments spécifiques qui tiennent compte des rigidités de traction dans les deux directions de l'étoffe. La rigidité de cisaillement due au frottement entre fibres est prise en compte via le comportement biaxial.

Comme l'intérêt industriel est de concevoir directement des produits ou des éléments de produit en une seule pièce tridimensionnelle à partir d'une surface souple, plane et déformable, les deux méthodes de modélisation proposées doivent validés les performances des étoffes en terme de déformabilité, de capacité à la déformation tridimensionnelle, de mémoire de forme et de connaissance de la réaction à la déformation.

II. Applications avec modèle éléments finis bi-composants

Comme applications de mise en forme nous proposons un essai de drapage d'une étoffe sur une surface rigide hémisphérique, des essais emboutissage isotherme avec outils rigides sphérique, carré et conique, un essai de perforation au doigt et un essai d'emboutissage d'une demi-bouteille.

II.1. Drapage d'une étoffe sur surface rigide hémisphérique

Pour valider l'approche mécanique de comportement et de discrétisation spatiale et de remaillage, le premier exemple traite le drapage sous gravité d'une étoffe tissée. La simulation numérique de cet essai a été effectuée en modélisant le tissu carré (350 x 350 mm) avec 1600 éléments finis isoparamétriques de membrane à 4 nœuds du type M3D4 représentatifs du comportement de la résine et 3200 éléments finis isoparamétriques de barre linéaire du type T3D2 représentatifs du comportement des fibres chaîne et trame (voir Figure V-1).

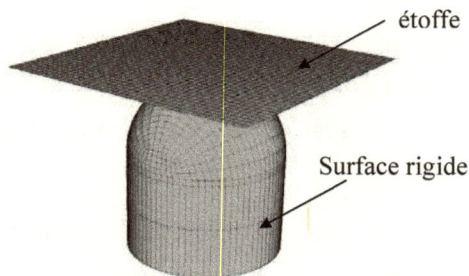

Figure V-1 : Etoffe sous gravité et surface rigide

La surface hémisphérique 3D est maillée avec des facettes rigides. L'étoffe est soumise à sa propre gravité et la surface rigide est fixe.

Figure V-2: Différentes étapes de remaillage lors du drapage sous gravité

Sur la Figure V-2 nous illustrons le profil des contours des étoffes remaillées obtenus par drapage correspondant aux déplacements sous gravité de l'étoffe. Sur cette figure, on peut constater les zones de raffinement du maillage de la pièce qui correspondent d'une part, aux courbures du la surface hémisphérique et, d'autre part, aux ondulations de la tôle très mince due à son avalement par le poinçon. En outre, le

147

maillage a été déraffiné dans les zones redevenues plates au cours de la simulation. Notons que le maillage final de l'étoffe déformée contient 1962 éléments triangulaires et 10352 éléments quadrangulaires.

II.2. Emboutissage avec poinçon hémisphérique

Actuellement les principaux secteurs industriels intéressés par la problématique de la capacité à se déformer en 3D sont la lingerie et l'automobile. Pour la lingerie, les fabricants de soutien-gorge développent de plus en plus des bonnets moulés pour réduire le processus de confection. Le processus de moulage sollicite la matière thermiquement, mécaniquement par des actions de poinçonnage dans la surface et selon une direction perpendiculaire à la surface avec contact entre le matériau et les moules. Dans cette étude, on simule le procédé de mise en forme d'une étoffe à température ambiante avec un outil hémisphérique. L'étoffe utilisée est carrée (200 x 200 mm) avec des arrondis sur les quatre coins. Cette étoffe est fixée sur les quatre bords par des pinces de fixation. Au niveau de l'outillage, un poinçon hémisphérique de rayon 60 mm est utilisé avec une matrice. La matrice permet d'un coté d'empêcher le déplacement des pinces suivant la normale (suivant l'axe du poinçon) et d'un autre coté, elle permet à l'étoffe d'épouser la forme souhaitée. La Figure V-3, présente la forme de l'éprouvette et de l'outillage. Lors de l'opération de mise en forme, un jeu de 4 mm est prévu entre la matrice et le poinçon. La première étape de l'essai d'emboutissage consiste à fixer l'étoffe en appliquant une légère force de l'ordre de 0.1 N sur les pinces pour tendre l'éprouvette. Pour emboutir la forme souhaitée, le poinçon se déplace avec une vitesse de 2 mm/min pour atteindre une profondeur maximale de déplacement égale à 80 mm.

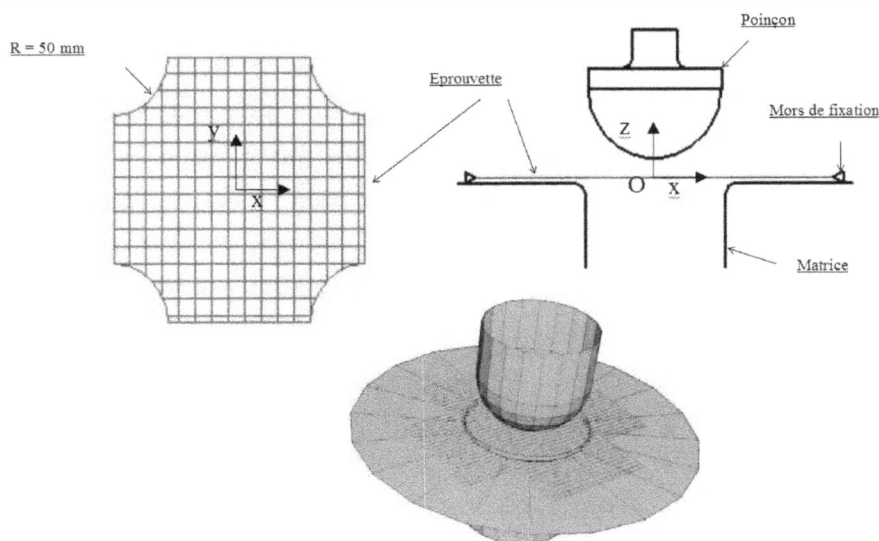

Figure V-3 : Procédé d'emboutissage - dispositif expérimental et maillage utilisé

La simulation de cet essai d'emboutissage est réalisée avec les mêmes conditions expérimentales hormis les conditions aux limites au niveau des pinces qui sont assurées par un encastrement et un chargement initial nul. L'éprouvette est discrétisée par 800 éléments de membrane et 2400 éléments de barre. Le modèle est résolu par l'algorithme explicit de ABAQUS. Au niveau des paramètres de contact, on considère un coefficient de frottement de l'ordre de 0.01 déterminé expérimentalement suivant la procédure présentée dans le Chapitre I. Au niveau des caractéristiques mécaniques des fibres nous utilisons les paramètres définis par l'essai de traction. Le comportement des fibres est défini par le modèle élastique non linéaire de type polynomial. Le résultat expérimental de l'essai réalisé à IFTH est donné sur la Figure V-4.

Figure V-4 : Etoffe expérimentale mise en forme par emboutissage réalisé à IFTH

149

Afin de mieux interpréter les résultats numériques, et pour mener à bout le calcul sans avoir des distorsions au niveau des éléments, nous réalisons le même essai d'emboutissage avec la procédure de remaillage adaptatif présentée ci-dessus. Elle permet d'un coté d'adapter la taille de l'élément à la forme géométrique souhaitée et d'autre part elle permet d'éviter les problèmes numériques liés à la distorsion. Avec cette procédure, l'opération de l'emboutissage est réalisée sur 10 étapes avec un déplacement de 8 mm à chaque étape (itération). La Figure V-5 illustre une comparaison entre les deux résultats obtenus sans et avec remaillage adaptatif. On remarque que la forme géométrique hémisphérique est mieux respectée avec le remaillage adaptatif surtout au niveau du congé de la matrice où on se localise une forte variation angulaire et des contraintes (voir Figures V-6 et V-7). Sur ces figures on montre les iso-valeurs des contraintes à la fois dans les fibres et dans l'élasthanne avec et sans remaillage. Pour différents pas d'avance du poinçon hémisphérique (40 et 80 mm).

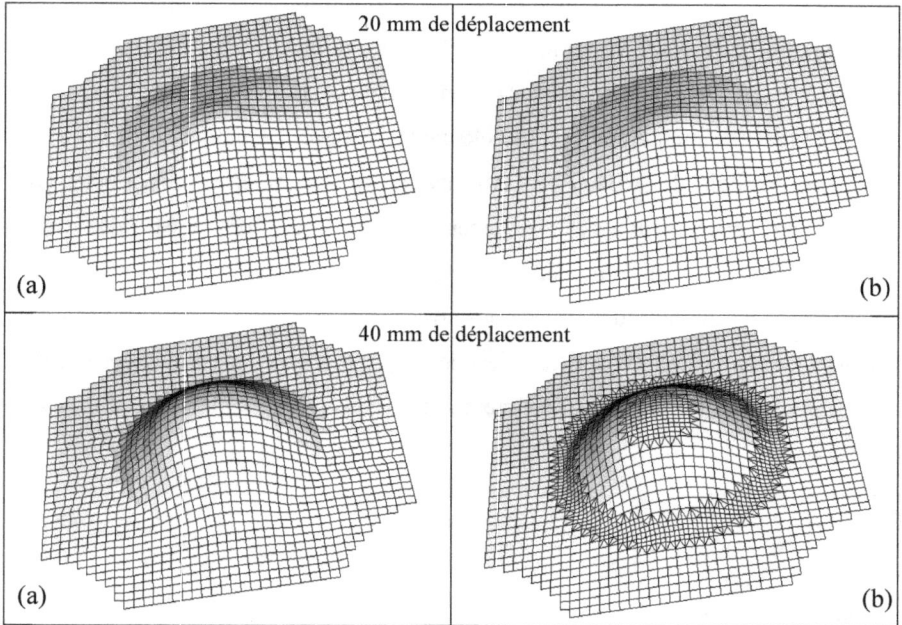

60 mm de déplacement

(a)

(b)

80 mm de déplacement

(a)

(b)

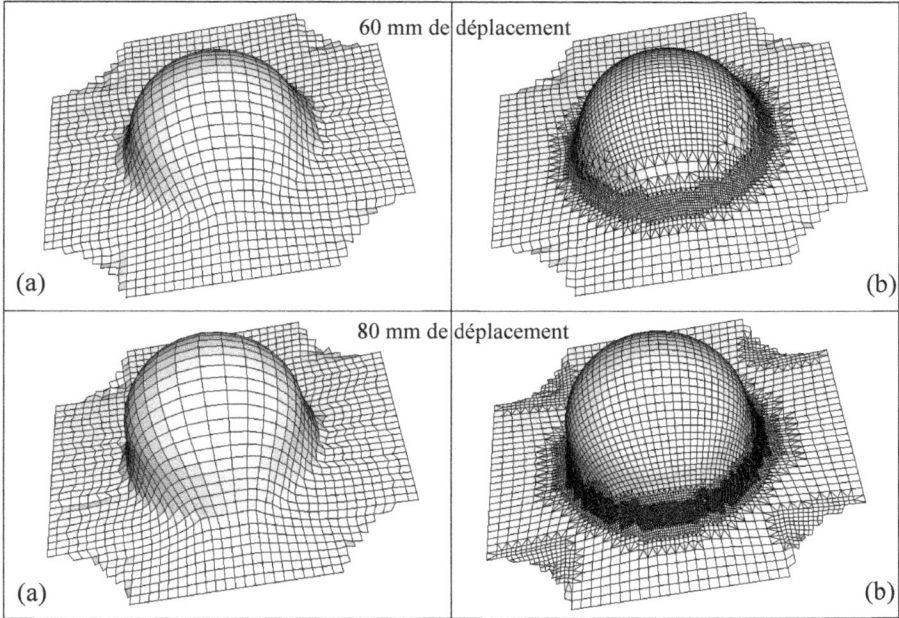

Figure V-5 : Mise en forme par poinçon hémisphérique : (a) sans remaillage (b) avec remaillage

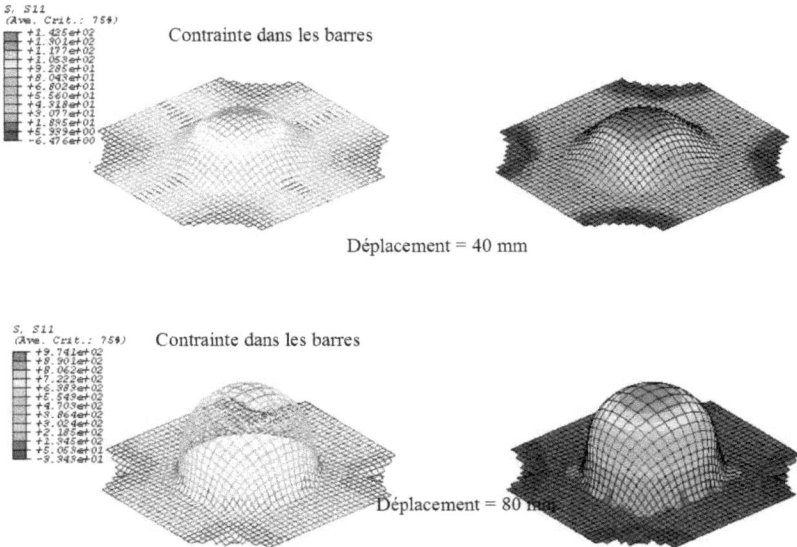

Contrainte dans les barres

Déplacement = 40 mm

Contrainte dans les barres

Déplacement = 80 mm

Figure V-6 : Tensions dans les fibres et contrainte dans l'élasthanne dans le sans remaillage

S, S11
(Ave. Crit.: 75%) Contrainte dans les barres

+1.502e+02
+1.370e+02
+1.239e+02
+1.108e+02
+9.770e+01
+8.458e+01
+7.146e+01
+5.834e+01
+4.523e+01
+3.211e+01
+1.899e+01
+5.874e+00
-7.244e+00

Déplacement = 40 mm

Contrainte dans les barres

S, S11
(Ave. Crit.: 75%)

+7.136e+02
+6.609e+02
+5.881e+02
+5.254e+02
+4.626e+02
+3.999e+02
+3.371e+02
+2.743e+02
+2.116e+02
+1.488e+02
+8.609e+01
+2.333e+01
-3.942e+01

Déplacement = 80 mm

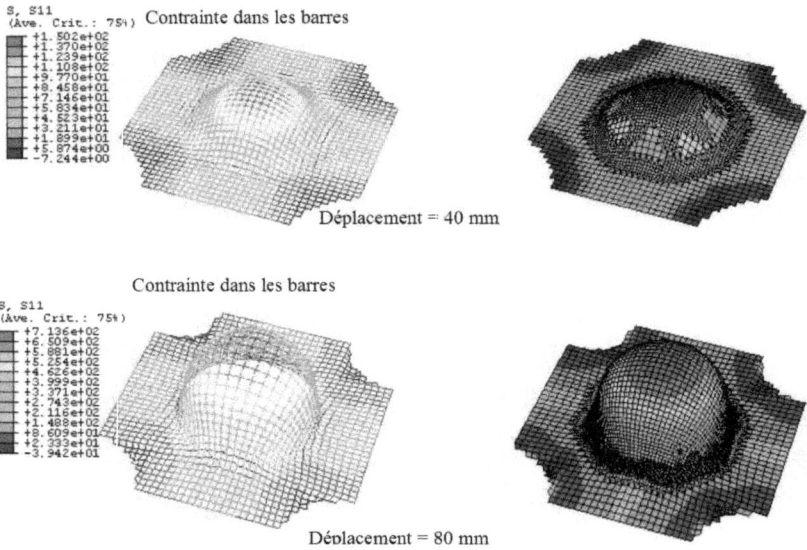

Figure V-7 : Tensions dans les fibres et contrainte dans l'élasthanne dans le cas avec remaillage

La Figure V-8 représente la courbe d'évolution de l'effort du poinçon en fonction de son déplacement suivant l'axe Z. Sur ce graphe, on remarque que l'effort obtenu par simulation sans remaillage atteint une valeur maximale environ 4430 N supérieur à la force expérimentale à 80 mm de déplacement qui est égale à 4200 N. A partir de cette valeur la courbe présente une diminution au niveau de l'effort. Cette diminution peut être due à la distorsion des éléments surtout à l'extrémité du poinçon et sur contour de la forme sphérique. Avec la procédure de remaillage l'effort du poinçon atteint une valeur maximale plus faible environ 3500 N à 78 mm de déplacement. De même, la courbe exprimant l'effort du poinçon en fonction de son déplacement devient plus proche de l'expérience.

On peut conclure par trois constatations, la première est que l'effort du poinçon atteint lors de la procédure de remaillage diminue par rapport à la procédure directe à cause de l'adaptation du maillage à la forme géométrique finale. La deuxième constatation est que la courbe numérique devient plus proche de l'expérience ce qui est dû au raffinement du maillage. La troisième constatation est à propos de la forme géométrique finale qui est plus proche de la réalité au niveau de la formation des plis. A partir des ces simulations, on peut déduire que la forme géométrique hémisphérique est réalisable et que l'étoffe dépasse ses capacité de déformation tridimensionnelle à partir de 78 mm de déplacement.

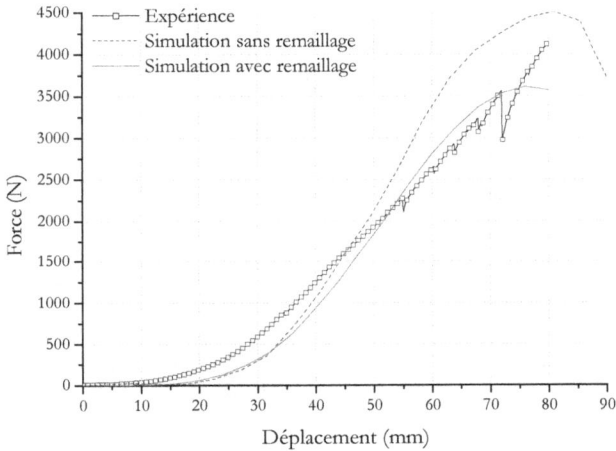

Figure V-8 : Comparaison entre l'effort expérimental et numérique avec et sans remaillage

II.3. Essai d'éclatomérie des étoffes

Cet essai d'éclatométrie comme celui de "perforation au doigt" présente un avantage essentiel par rapport à ses homologues et concurrents faisant appel à une pression hydrostatique via une membrane. Il permet de connaître à la fois la charge de réaction, la flèche et la déformation en surface en temps réel. Dans cet essai aucune erreur dans le calcul de la déformation ne peut exister car le poinçon est de géométrie connue et indéformable. Cet essai permet ainsi de tester le comportement du matériau dans une configuration de poinçonnage réelle. Le résultat de l'essai expérimental est donné sur la Figure V-9. La géométrie des outils utilisés ainsi que le maillage initial est donné sur la Figure V -10. Les simulations numériques obtenues avec remaillage adaptatif sont illustrées sur la Figure V-11 pour différentes étapes d'avance du poinçon de perforation u = 24, 36, 48 et 52 mm. On peut constater l'adaptation des maillages aux très fortes déformations de la géométrie de la canette. Le maillage final de l'étoffe comprend 12468 éléments triangulaires et 12216 éléments quadrangulaires.

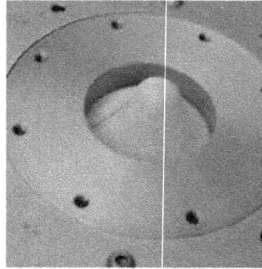

Figure V-9 : Etoffe expérimentale mise en forme par perforation réalisée à IFTH

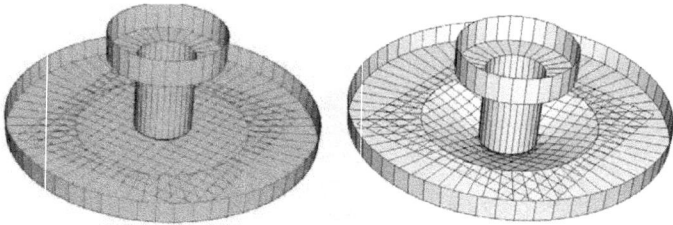

Figure V-10 : Configuration initiale et déformée de l'essai de perforation

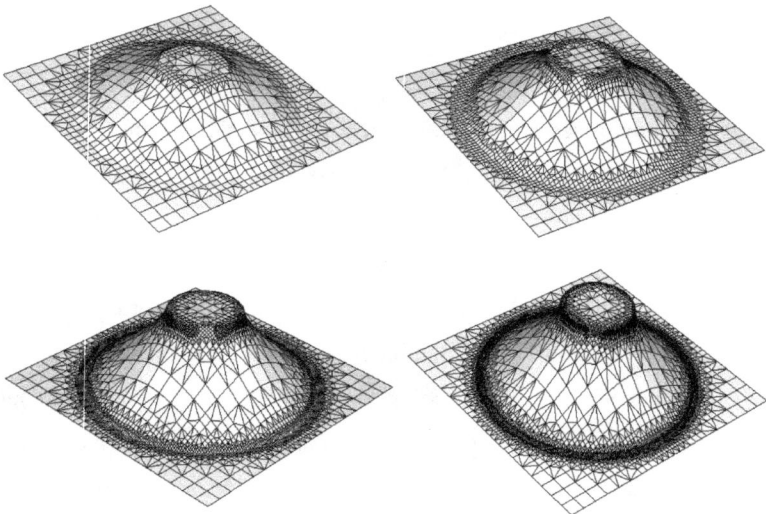

Figure V-11 : Maillages adaptés au déplacement du poinçon (u = 24, 36, 48 et 52 mm)

II.4. Emboutissage par poinçon carré

Cet exemple de mise en forme consiste à emboutir une boite carrée, cet application est souvent utilisée dans le cadre des supports d'emballage. Elle consiste à emboutir la forme souhaitée de l'étoffe pour la coller par la suite sur un support en plastique. L'outillage se compose d'un poinçon en forme de cube avec un congé de 13 mm et d'une largeur de 100 mm, d'une matrice en forme de boite carrée avec un congé de 5 mm et une largeur de 102.5 mm et également d'un serre-flan (voir Figure V -12). La mise en forme d'une boite carrée se répartit en 3 étapes. La première consiste à mettre en contact l'étoffe avec la matrice et le serre-flan, la deuxième représente l'application d'un effort sur le serre-flan et la troisième consiste à déplacer le poinçon de 30 mm pour la déformation de l'étoffe carrée (200 x 200 mm). Cet essai a été réalisé avec la procédure de remaillage adaptatif en partant d'un maillage de 100 éléments de membrane et 220 éléments de barre. La résolution de ce modèle est assurée par ABAQUS/Explicit.

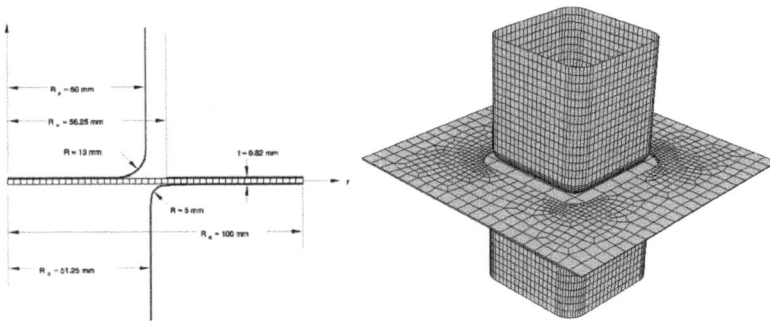

Figure V-12 : Forme de l'outillage et emplacement de l'étoffe pour l'emboutissage d'une boite carrée

La Figure V-13 illustre 4 itérations du calcul de mise en forme avec un incrément de 6 mm. Les premiers graphes de chaque itération (a) représentent la mise en forme sans la procédure de remaillage et les graphes de la deuxième colonnes illustre la les configurations intermédiaires obtenues par remaillage adaptatif On remarque bien qu'avec le remaillage, l'étoffe épouse mieux la forme géométrique du poinçon carrée et on évite surtout les problèmes numériques de distorsion. Le profil des contraintes

dans l'élasthanne pour différentes avances du poinçon est donné sur la Figure V-15
On note les concentrations de contraintes au niveau des rayons entrée matrice.

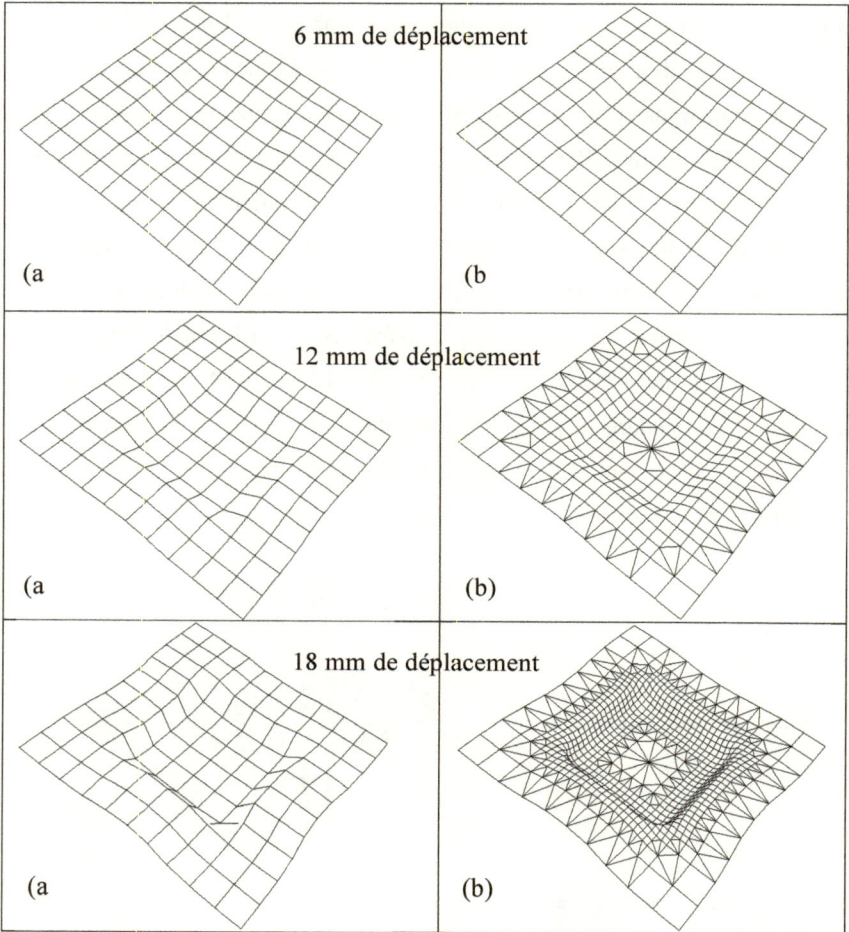

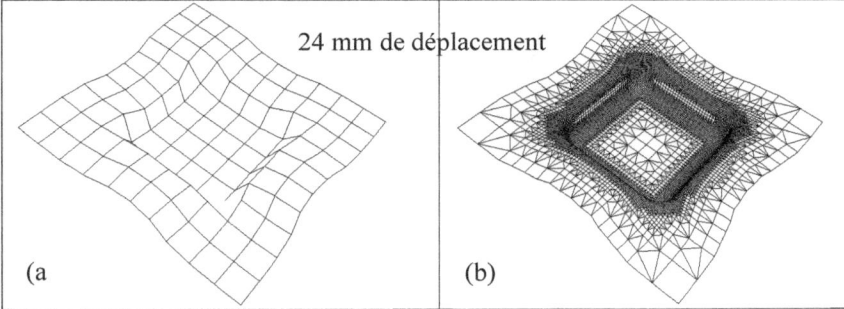

Figure V-13 : Mise en forme par poinçon carré : (a) sans remaillage (b) avec remaillage

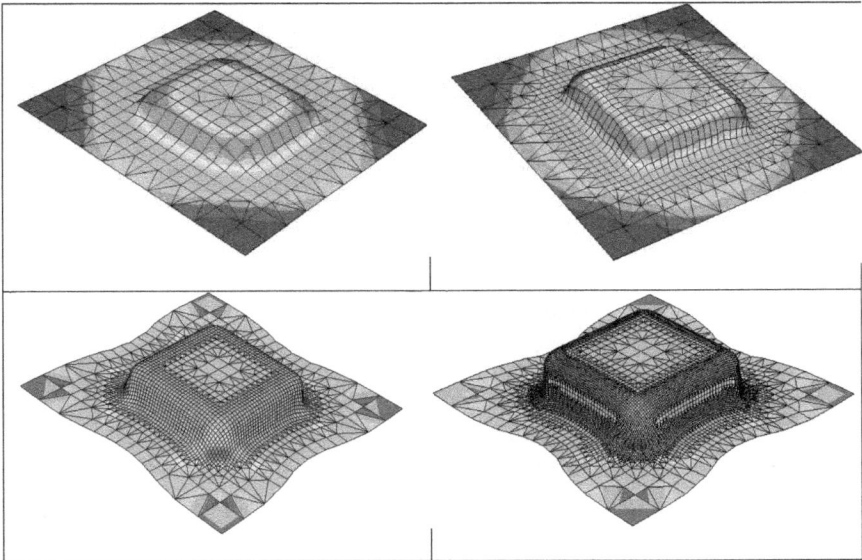

Figure V-14 : Profil des contraintes dans l'élasthanne pour différents pas de mise en forme

Sur cet exemple, on peut dire que le remaillage adaptatif est avantageux. En effet, lors du calcul on a pu éviter les problèmes des éléments distordus (résultat d'un maillage avec une grande taille d'élément) qui causent en général l'arrêt du calcul. En ce qui concerne la géométrie de l'étoffe après mise forme, on distingue bien les arrondis du poinçon et de la matrice avec un maillage assez fin et adapté aux changements de la normale sur les surfaces de l'outil. La Figure V-15 représente la courbe d'évolution de l'effort du poinçon en fonction de son déplacement suivant l'axe Z avec et sans remaillage. On note que les allures des forces sont similaires sauf à partir de 15 mm de déplacement des outils, on constate des différences qui sont dues essentielles à la qualité de maillage des éléments.

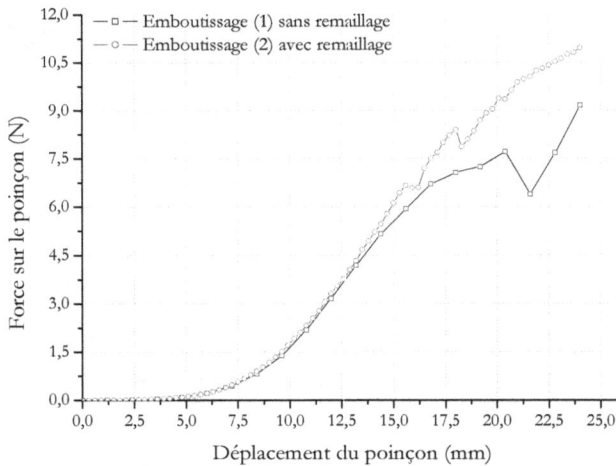

Figure V-15 : Force d'emboutissage en fonction du déplacement du poinçon avec et sans remaillage

II.5. Emboutissage par poinçon conique

Cet exemple traite l'emboutissage avec des outils coniques d'une structure tissée composée de fibres chaîne et trame initialement orthogonales. L'essai expérimental est réalisé à ENSAM de Paris. Les paramètres des deux matériaux utilisés (tissus pré-imprégnés en fibres d'aramide) sont déterminés par identification sur un essai de traction uni-axiale. Les comportements des chaînes et des trames sont identiques et les propriétés sont intégrées sur ABAQUS/Explicite via la procédure matériau (VUMAT). Deux exemples de simulation consistent sont réalisés. La seule différence se situe au niveau de la position des directions des fibres par rapport aux directions principales des outils. Pour le premier, la direction des chaînes et à 0° dans le deuxième exemple elle se situe à 45°. La forme de la structure (0°/90°) et (-45°/45°) à emboutir est présentée sur la figure. Le dispositif d'emboutissage est formé d'une matrice fixe, d'un serre-flan qui permet de maintenir la structure sans application d'effort extérieur et d'un poinçon de forme conique (voir Figure V-16). Les deux essais sont réalisés dans un premier temps sans la procédure de remaillage. Ils ont été de même réalisés expérimentalement (Figure V-17) au LMSP (ENSAM Paris) **[Billoët 00]**.

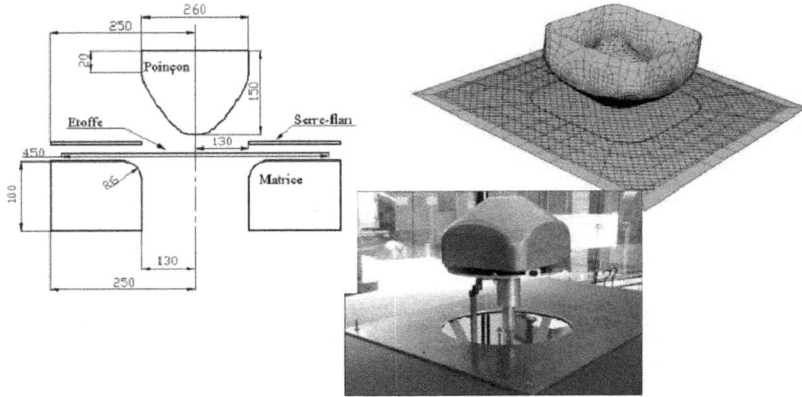

Figure V-16 : Géométrie des outils de mise en forme, dispositif expérimental et maillage utilisé

Les résultats des simulations sont comparés aux préformes expérimentales réalisées à ENSAM Paris. Les contours des tissus déformés avec et sans remaillage adaptatif (Figures V-18) sont en comparaison avec les profils expérimentaux pour les deux orientations (0°/90°) et (-45°/45°). Les contours obtenus sont en bonne concordance. Les cartes des déformations de cisaillement dans les deux tissus composites sont illustrées sur la Figure V-19. On note que les lignes médianes sont des lignes à fortes distorsions pour la préforme (0°/90°) et les lignes de symétrie sont des lignes à fortes distorsions pour la préforme (-45°/45°), un profil qui a été validé expérimentalement par [**Cherouat 00**].

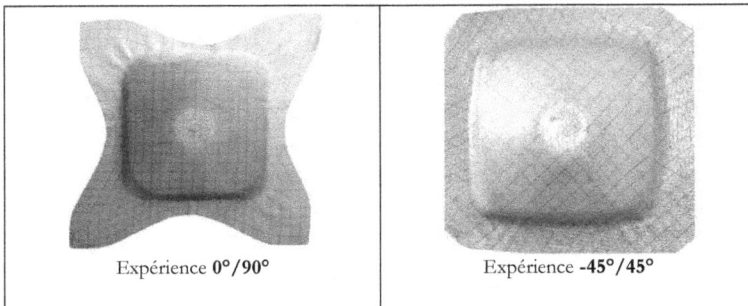

Expérience 0°/90°

Expérience -45°/45°

Figure V-17 : Profil des préformes expérimentales réalisées au LMSP (ENSAM Paris)

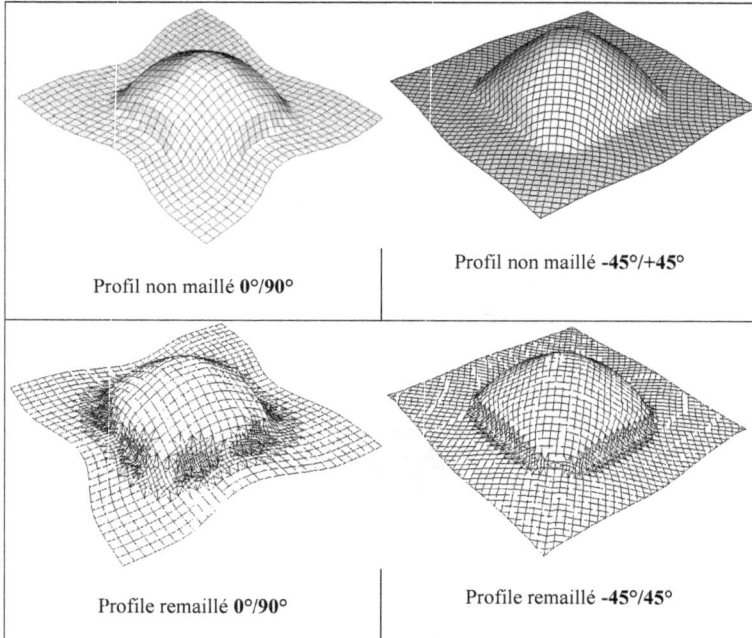

Profil non maillé **0°/90°**	Profil non maillé **-45°/+45°**
Profile remaillé **0°/90°**	Profile remaillé **-45°/45°**

Figure V-18 : Mise en forme par poinçon conique avec et sans remaillage

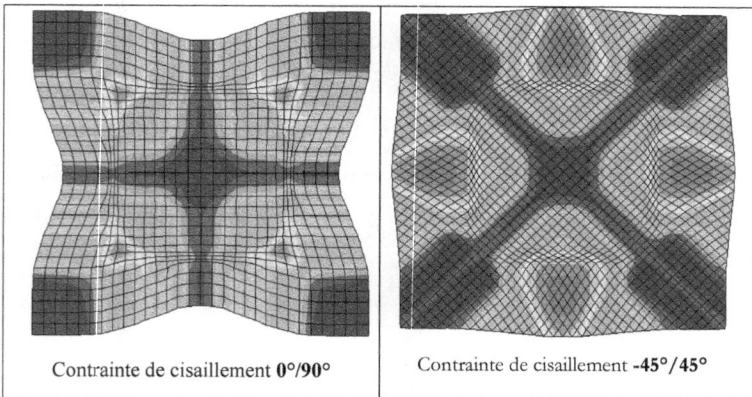

Contrainte de cisaillement **0°/90°**	Contrainte de cisaillement **-45°/45°**

Figure V-19 : Profil des contraintes de cisaillement dans la résine composite

II.6. Emboutissage d'un support de bouteille

La dernière application consiste à emboutir une étoffe en forme de demi-bouteille. Cet exemple est présent dans l'industrie d'emballage où l'étoffe emboutie est collée sur un support de bouteille en plastique. L'outillage géométrique utilisé pour la mise en forme est composé d'une matrice en forme de demi-bouteille, d'un serre-flan et d'un poinçon en forme de demi-bouteille. L'étoffe rectangulaire fait 140 mm de largeur et 280 mm de longueur (voir Figure V-20). Un jeu fonctionnel de 1 mm est prévu entre le poinçon et la matrice pour faciliter la procédure de mise en forme. L'opération d'emboutissage est réalisée également par la procédure de remaillage adaptatif en partant d'un maillage avec des éléments de taille assez grande. De même, comme pour les exemples précédents, le modèle est résolu avec solveur ABAQUS/Explicit. La forme expérimentale de l'étoffe mise en forme est donnée sur la Figure V-21.

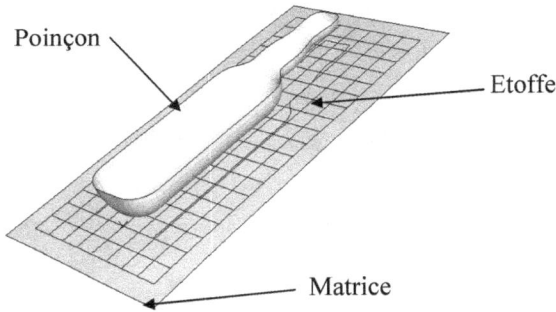

Figure V-20 : Forme de l'outillage et emplacement de l'étoffe pour l'emboutissage d'une bouteille

Figure V-21 : Préforme emboutie expérimentalement réalisée à IFTH

La Figure V-22 et la Figure V-23 illustrent des configurations intermédiaires enregistrées lors de la mise en forme de la bouteille. Sur ses figures on remarque qu'il y a un large retrait sur le contour de la bouteille puisque c'est la partie qui subit le maximum de déplacement. Au niveau du bas de la bouteille, il y a également un retrait et surtout une concentration de contrainte. Puisque le modèle n'est pas

161

symétrique et sachant que le comportement des chaînes est plus rigide que celui des trames, deux simulations de mise en forme sont réalisées. Sur la Figure V-23, la direction des chaînes est suivant l'axe Y et la direction des trames est suivant l'axe X (cas 1) et c'est l'inverse pour la Figure V-24 (cas 2). Comme pour l'analyse expérimentale, la simulation permet de déterminer la disposition de l'étoffe pour avoir le minimum de concentration de contrainte sur l'ensemble de l'étoffe afin d'éviter le détachement de l'étoffe sur le support en plastique. Dans les deux emplacements, nous constatons une concentration de contrainte au niveau du bas du support, ce pendant pour le niveau de contrainte globale, le premier emplacement permet d'avoir le niveau le plus faible. Il est donc le plus approprié pour éviter les défauts de décollage de l'étoffe par rapport au support en plastique. Le profil des efforts d'emboutissage, avec et sans remaillage dans les deux cas de configurations, est illustré en fonction de l'avance du poinçon sur la Figure V-24. On note que les efforts sont presque identiques dans les deux cas d'orientation des fibres.

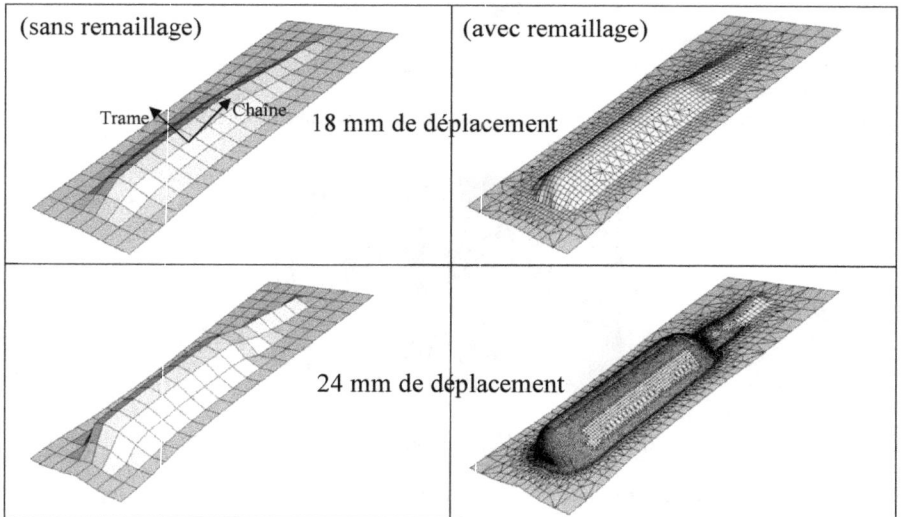

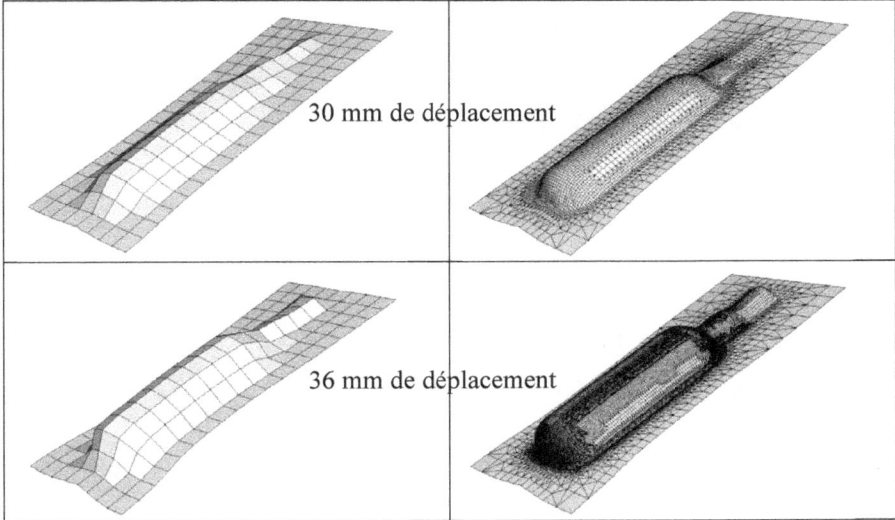

Figure V-22 : Mise en forme d'un support de bouteille (cas 1) avec et sans remaillage

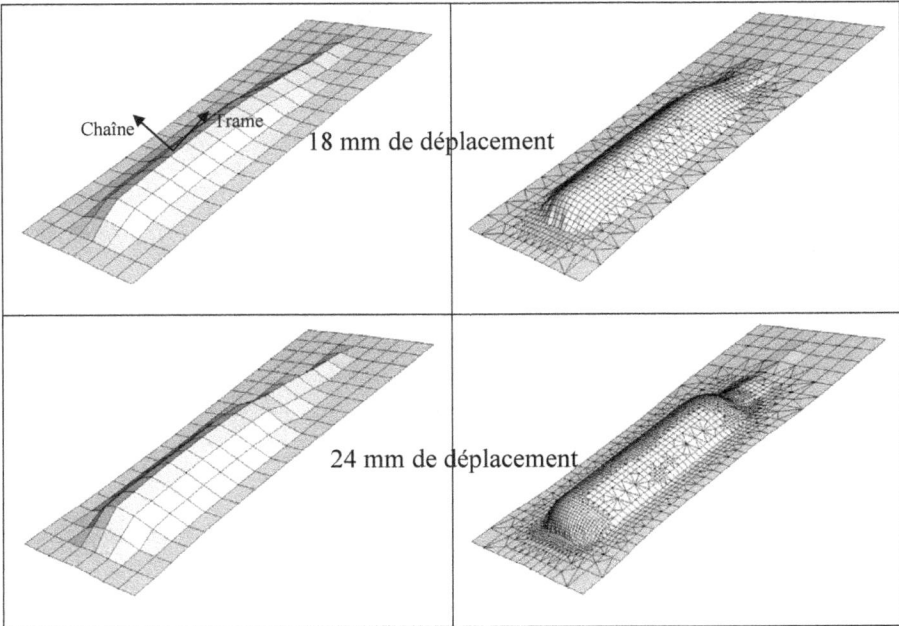

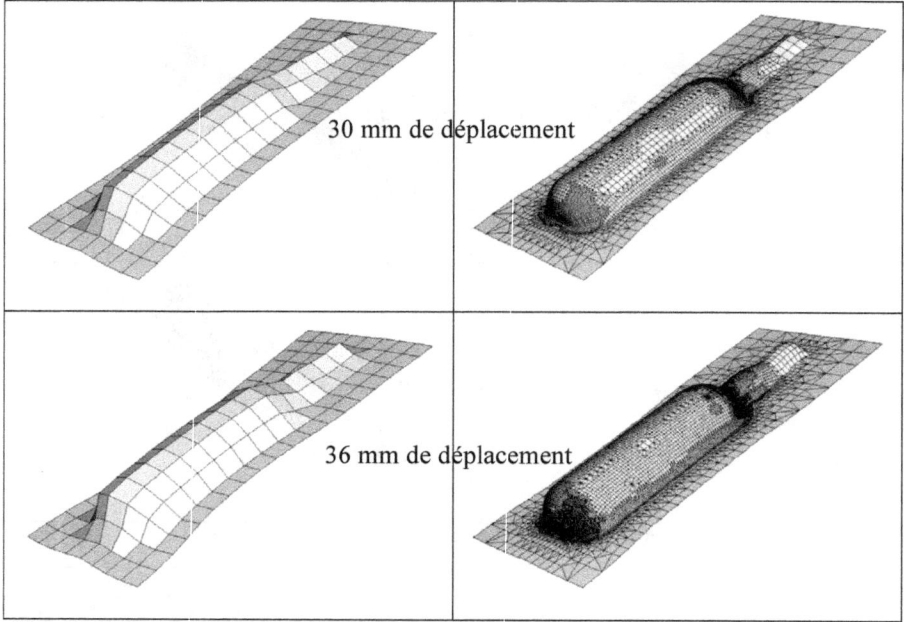

Figure V-23 : Mise en forme d'un support de bouteille (cas 2) avec et sans remaillage

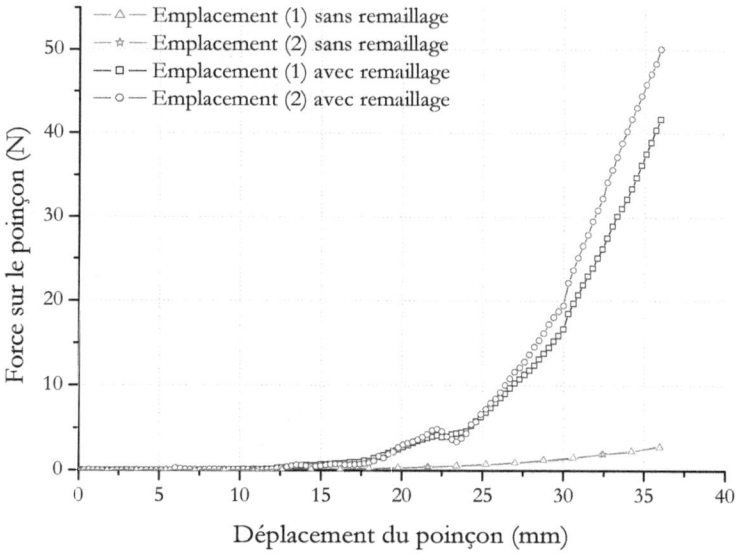

Figure V-24 : Effort sur le poinçon pour les deux emplacements

III. Applications avec modèle éléments finis tissés UEL

Pour la validation de l'approche proposée, nous proposons des exemples de mise en forme pour la prédiction de la capacité de déformation de l'étoffe. Pour cela, des simulations ont été réalisées pour l'emboutissage de deux formes différentes. La première application consiste à emboutir une forme hémisphérique et la deuxième présente l'emboutissage d'une boite carrée. La première difficulté que nous avions rencontrée se situe au niveau de la définition des paramètres de contact entre l'étoffe et les outils. En effet, la surface de l'étoffe ne peut être définie avec les éléments finis introduits par l'UEL, elle est donc définie par l'ensemble des nœuds de l'étoffe. Quant aux surfaces des outils de mise en forme (la matrice, le poinçon et serre-flan) elles sont définies par les éléments finis rigides discrets. Les simulations réalisées sur la plate forme ABAQUS/Standard avec cette configuration n'ont pas convergées et ont divergé dès les premiers incréments de calcul. Cette divergence est certainement due à la définition de la surface de l'étoffe et aussi au choix de la procédure de type statique implicite de ABAQUS/Standard. Comme solution à la problématique de contact, nous avons superposé les éléments finis de type membrane (élément fini standard de ABAQUS) avec les éléments définis par l'UEL. Nous résolvons donc un problème mécanique avec des éléments finis mixtes ayant les mêmes degrés de liberté (éléments utilisateur UEL avec éléments standard de membrane). Pour atténuer l'influence des éléments de membrane sur les résultats numériques, nous assignons à ces éléments un modèle comportement élastique avec un module de Young assez faible ($E = 0.2\,MPa$). L'épaisseur des éléments de membrane est également assez faible de l'ordre de 0.6 mm. En conséquence, avec cette configuration, nous pouvons définir des surfaces en se basant sur les éléments de membrane reconnus par ABAQUS.

III.1. Emboutissage libre par poinçon hémisphérique

Pour la première application de mise en forme, nous disposons de trois outils rigides une matrice, un serre-flan et un poinçon de forme hémisphérique (Figure V-25).

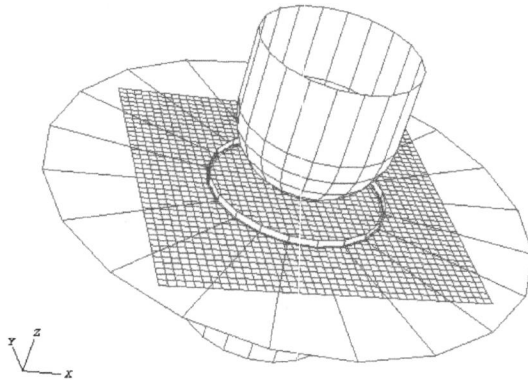

Figure V-25 : Forme et emplacement de l'outillage de la mise en forme hémisphérique

La simulation de l'emboutissage se fait en 3 étapes :

- La première consiste à déplacer le serre-flan pour le mettre en contact avec l'étoffe qui est initialement en contact avec la matrice,

- La deuxième étape consiste à appliquer une charge normale sur le serre-flan,

- L'étape finale, permet de déformer l'étoffe par le déplacement du poinçon.

Pour le maillage de l'étoffe, nous avons considéré les deux cas possibles, un maillage structuré avec des éléments finis quadratiques est un autre avec des éléments finis triangulaires. Pour la taille des éléments finis, nous avons considéré un maillage raffiné pour permette aux outils d'épouser la forme souhaitée. Les maillages déformés (pour les éléments triangulaires et pour les éléments quadrangulaires) à 49 mm de déplacement du poinçon, ainsi que l'état de contrainte dans l'étoffe sont illustrés sur les Figures V-26 et V-27. On note la forte concentration de contrainte au niveau du rayon du poinçon dans les deux cas.

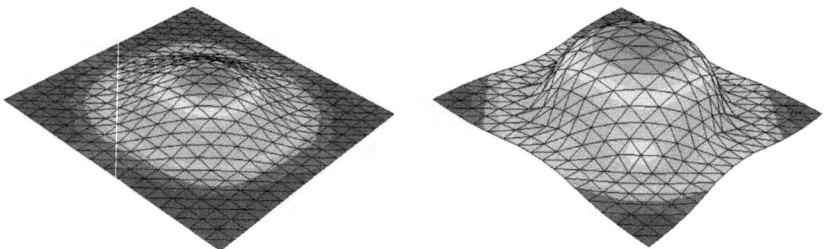

Figure V-26 : Déformée et état de contrainte dans l'étoffe avec éléments triangulaires

166

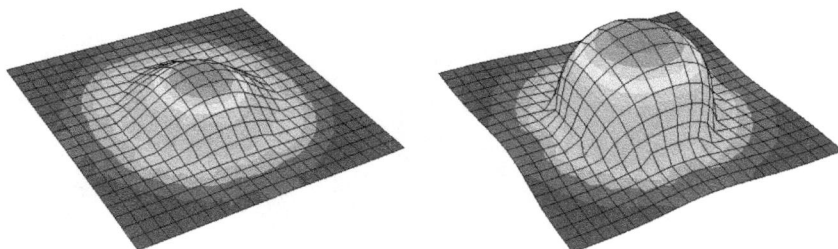

Figure V-27: Déformée et état de contrainte dans l'étoffe avec éléments quadrangulaires

L'évolution des distorsions angulaires entre les fibres de chaîne et de trame le long de la diagonale de l'étoffe est donnée sur la Figure V-28. On note que sur cette ligne le cisaillement maximal (27.5°) est situé au niveau du rayon entrée matrice, à 100 mm du centre du flan.

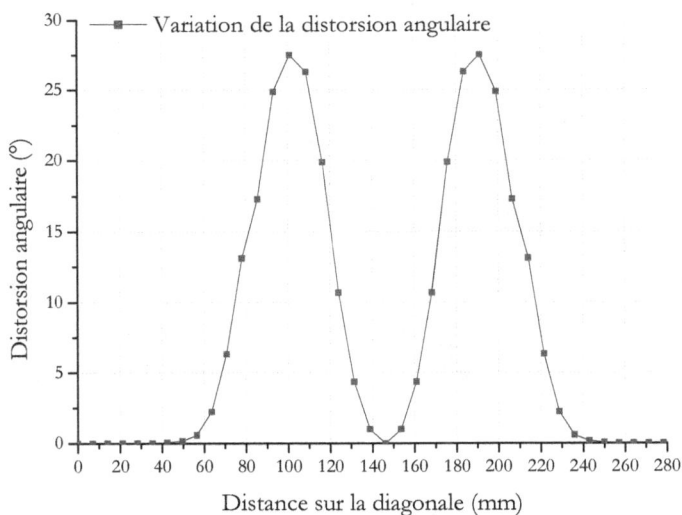

Figure V-28 : Distorsion angulaire le long de la diagonale pour emboutissage hémisphérique

III.2. Emboutissage fixe par poinçon hémisphérique

L'essai d'emboutissage est également réalisé avec une fixation sur les bords de l'éprouvette pour mettre en évidence la capacité de déformation tridimensionnelle de l'étoffe. Pour cet essai, on garde la même configuration de l'essai précédent, et on ajoute un encastrement sur les bords de l'étoffe et sans utilisation de la matrice ni du serre-flan (Figure V-29). L'essai réel est réalisé à IFTH (voir Figure V-30).

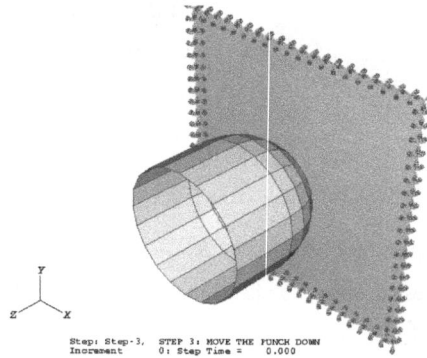

Figure V-29 : Outillage de mise en forme pour poinçon hémisphérique

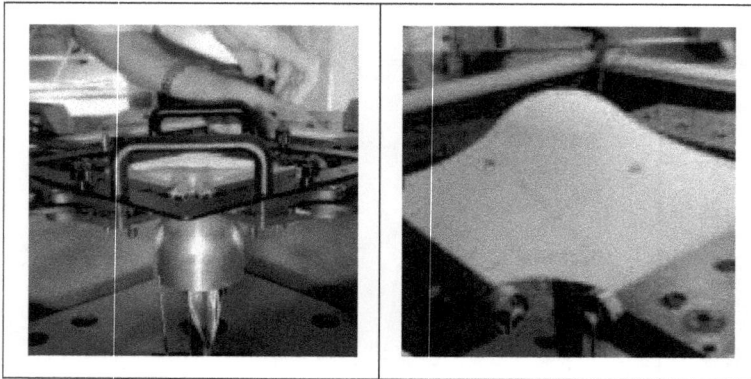

Figure V-30 : Test de mise en forme fixe pour poinçon hémisphérique

Les graphes de la Figure V-31 présentent la répartition des tensions dans les fils des directions de chaîne et de trame. On remarque que la tension maximale affichée au niveau de l'embout du poinçon augmente par rapport à l'application précédente (essai d'emboutissage où l'étoffe est libre sur les bords). Cette augmentation est due à l'encastrement qui engendre un surcroît de la rigidité de l'étoffe. Cette augmentation se matérialise également au niveau des efforts de réaction puisqu'on obtient un écart entre les courbes représentant la force enregistrée sur le poinçon (voir Figure V-32). Comme pour les exemples précédemment cités, le calcul diverge mais après un déplacement de 56 mm. A ce niveau de chargement la tension dans les fils atteint une valeur maximale de 0.055N dans les fils de la direction chaîne et 0.035N dans ceux de la direction trame. Relativement à ces essais, l'étoffe n'a pas atteint un niveau de chargement critique correspondant au niveau de chargement à la rupture d'une étoffe en traction biaxiale. De même l'effort maximal enregistré sur le poinçon n'est pas cohérent avec l'essai expérimental. Ces résultats obtenus par les simulations numériques de mise en forme ne permettent pas de prédire la capacité de déformation tridimensionnelle de l'étoffe.

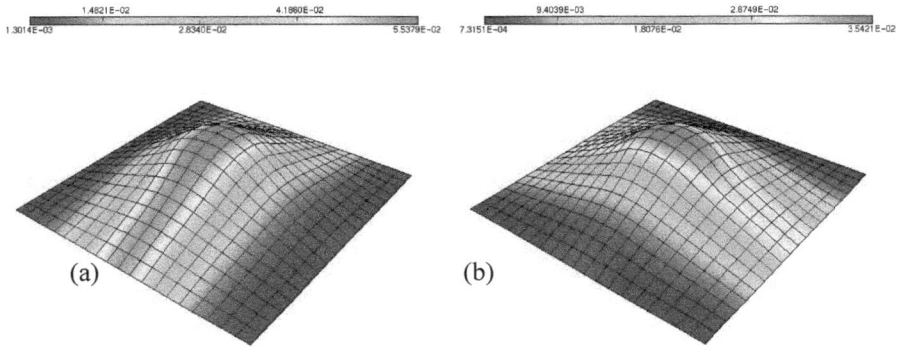

Figure V-31 : Répartition des tensions dans les fils de l'étoffe : (a) direction chaîne, (b) direction trame

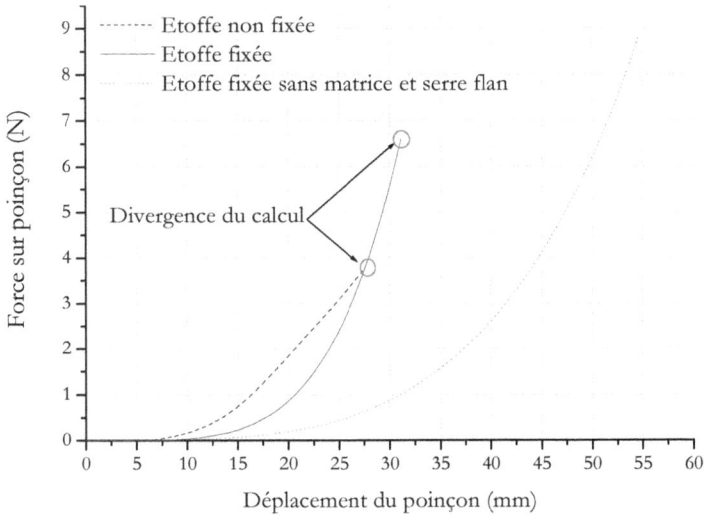

Figure V-32 : Courbes de force d'emboutissage en fonction du déplacement du poinçon

On note aussi que nous avons traité le problème d'emboutissage avec poinçon hémisphérique et sans utilisation de la matrice ni du serre flan (Figure V-32). Cette configuration permet d'atténuer l'effet du contact qui introduit des non linéarités géométriques suscitant des problèmes au niveau de la convergence. Les divergences présentées sont dues aux paramètres de contact qui engendrent des efforts extérieurs difficiles à quantifier. Ces paramètres de contact exigent une bonne expertise pour les identifier.

III.3. Emboutissage par poinçon carré

La deuxième application étudiée consiste à emboutir la forme d'un support de boite carrée. Etant donné que les deux modèles de comportement sont symétriques pour chaque direction et pour optimiser le temps de calcul, nous considérons juste le quart de la boite pour la simulation de la mise en forme. L'outillage (Figure V-33) est composé d'une matrice carrée, d'un serre-flan sur lequel on applique une charge de 20 N et d'un poinçon de forme carrée avec un congé de 5 mm de rayon. La forme de l'étoffe à emboutir est carrée de dimension 100 x 100 mm.

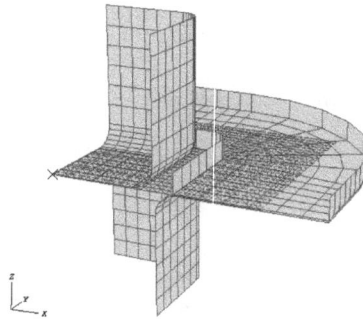

Figure V-33 : Outillages de l'emboutissage carré

Nous avons été confrontés à la même problématique de convergence lors de la simulation de l'emboutissage du support de la boite carrée. L'analyse a divergé après 12 mm de déplacement du poinçon vu que le solveur n'arrive pas à retrouver une configuration d'équilibre. Les graphes de la Figure V-34 et Figure V-35 illustrent respectivement la carte des isovaleurs de tension repartis dans les fils de chaîne et de trame et les retraits sur les arêtes de l'étoffe emboutie avec remaillage adaptatif. Comme le montre la variation de la distorsion angulaire de la Figure V-36, la zone la plus sollicitée correspond au coin de la boite carrée. Cependant, les valeurs des tensions ne permettent pas de prédire si l'étoffe supporte un chargement supérieur à 50 mm.

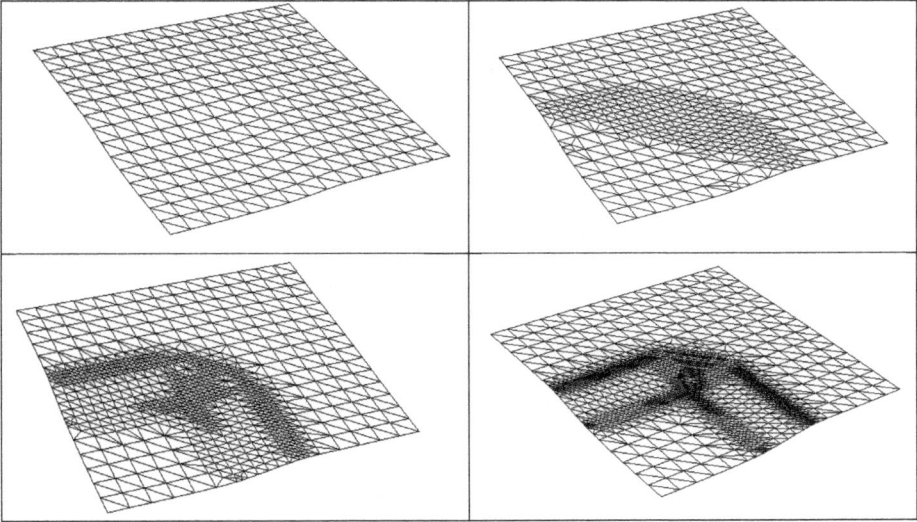

Figure V-34 : Remaillages à différents étapes d'avance du poinçon

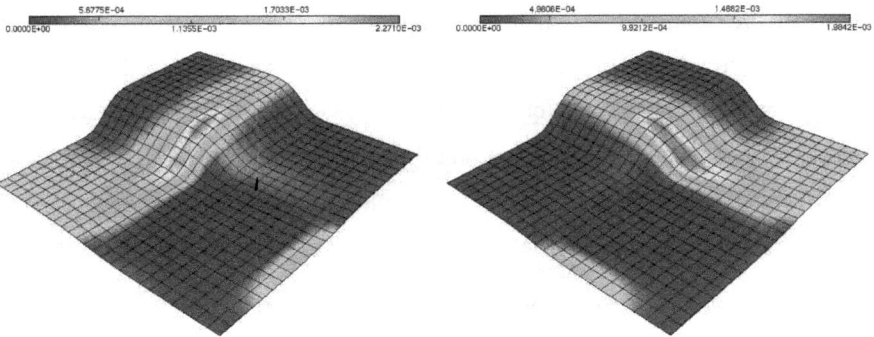

Figure V-35 : Répartition des tensions dans les fils : (a) direction chaîne (b) direction trame

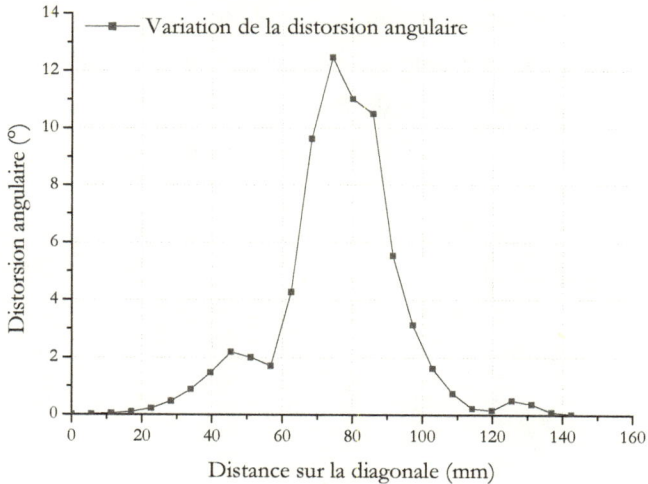

Figure V-36 : Variation de la distorsion angulaire le long de la diagonale

IV. Discussion des résultats

La modélisation par "éléments – barre" n'intègre pas le comportement biaxial de l'étoffe ce qui a pour conséquence des écarts avec l'expérience. Cette modélisation, toutefois, peut être envisagée comme première approche grossière pour des matériaux ne présentant pas un fort effet biaxial. Le remaillage adaptatif montre bien son intérêt en terme de précision de la simulation et de temps d'exécution. La modélisation par un "élément – tissu" qui, lui, intègre l'effet de couplage biaxial entre les directions "colonnes" et "rangées" présente quelques problèmes de convergence et de traitement numérique du contact avec frottement entre éléments Standard d'ABAQUS et des éléments implémentés par les utilisateurs. De plus des problèmes dus aux diverses procédures d'intégration numérique des équations aux dérivées partielles.

Nous rappelons qu'ABAQUS a été choisi, car il est le logiciel le mieux adapté à la modélisation et à la simulation des processus de mise en forme en mécanique non linéaire des matériaux classiques. La méthode de résolution choisie est implicite. Dans ces conditions, cette étude a montré la difficulté à implémenter dans un

ABAQUS des éléments externes tels notre "élément – tissu" pour résoudre des problèmes complexes de mise en forme fortement non-linéaires.

La non convergence d'un modèle numérique peut être due à plusieurs effets, comme la non unicité de la solution physique, la non existence de solution discrétisée, la non convergence de l'algorithme ou autres facteurs.

- L'absence de solution physique unique pour un modèle non linéaire peut être due aux non linéarités géométriques, aux conditions de contact et également au non linéarité du modèle de comportement.

- La non existence de solution discrétisée due au fait que les solutions de la méthode des éléments finis sont basées sur des interpolations à partir des déplacements aux nœuds ce qui peut être incompatible avec le modèle de comportement. Ceci entraîne la convergence vers un état non équilibré puis la divergence du problème.

- La troisième source liée au non convergence de l'algorithme de résolution peut être due à un problème de modélisation du comportement de frottement

- Le choix du maillage peut également influencer la convergence du modèle numérique. En effet, un élément quadrangulaire basé sur 4 point d'intégration peut offrir un résultat plus précis qu'un élément triangulaire avec un seul point d'intégration. De même, un maillage avec des éléments de grande taille, peut être une source de divergence.

L'utilisation du schéma d'intégration implicite avec un algorithme de contact représente des sources de non convergence. En effet, les problèmes de convergence reviennent essentiellement à la non linéarité introduite par l'algorithme de contact et également à la non linéarité géométrique due au fait que les calculs sont effectués sur la configuration actuelle. Avec ce schéma d'intégration, les variables de la configuration courante dépendent d'une valeur inconnue qui est le champ de déplacements $u_{t+\Delta t}$. Les simulations de mise en forme par outil hémisphérique ont été étudiées avec une analyse dynamique basée sur le schéma d'intégration semi-implicite de Hulbert-Hugues. Comme pour l'analyse statique implicite, cette procédure n'a pas été plus performante au niveau des résultats numérique vu que le calcul diverge au bout de 35 mm de déplacement pour l'exemple d'emboutissage avec poinçon hémisphérique uniquement. Si on résume, la problématique de non convergence peut être due à l'utilisation du schéma d'intégration implicite qui offre une bonne stabilité et dont l'inconvénient majeur de cette méthode reste les équations non linéaires qui sont difficiles et très longs à résoudre. De même le contact constitue une source de non convergence à cause des non linéarités qu'il engendre.

Conclusion

générale et perspectives

Dans la première partie de cette étude nous avons présenté une campagne d'essais expérimentaux sur la caractérisation du comportement thermique et mécanique des étoffes. Ces essais ont permis de donner une idée sur la réaction de l'étoffe vis-à-vis d'une sollicitation thermique et sur la capacité de l'étoffe en sollicitations mécaniques simples (traction uniaxiale et biaxiale) et complexes (mise en forme). En général, une étoffe se compose de différents matériaux ayant différentes caractéristiques mécaniques et thermiques. Selon les applications industrielles, les étoffes existent en plusieurs liages (taffetas, jersey, tulle, ...). Afin de tester l'influence des matériaux constituants et du liage sur le comportement des étoffes, nous avons réalisé les essais thermique et mécanique sur différents types d'étoffes.

La détermination du temps et de la température de maintien en mise en forme à chaud constitue une problématique qui surgit lors de l'emboutissage à chaud des étoffes. En effet, un temps ou une température de maintien mal défini peut engendrer un retrait sur l'étoffe emboutie dans le cas d'une sous estimation ou bien une dégradation et un mauvais « toucher » dans le cas d'une sur estimation. L'objectif de cette campagne d'essais est de déterminer les valeurs optimales des paramètres temps et température correspondant à la thermofixation de l'étoffe. Pour cela, nous avons réalisé une série d'essai de traction uniaxiale à chaud avec différents couples (temps, température). Pour traiter ces résultats expérimentaux nous avons adopté l'approche de l'énergie de déformation et l'approche de variation dimensionnelle pour quantifier l'état de termofixation. Pour cela nous avons calculé l'énergie de déformation d'un essai de traction uniaxiale réalisé après refroidissement de l'étoffe et également après trois cycles de lavage. De même sur une autre série d'essais nous avons mesuré la variation dimensionnelle d'une étoffe après réalisation de l'essai de traction uniaxiale juste après le refroidissement et également après trois cycles de lavage.

Pour la première approche, nous avons constaté que l'énergie de déformation est une fonction croissante de la température jusqu'à une valeur limite où la courbe d'évolution (énergie-température) atteint un palier qui reflète la stabilisation de l'énergie de déformation. L'influence du lavage se manifeste au niveau de la diminution de l'énergie de déformation. Pour la deuxième approche, le retrait représente une fonction décroissante de la température qui atteint également un palier à partir d'une température limite. Pour cette approche, l'effet du lavage se présente par une augmentation du retrait tout en gardant la même allure de la courbe. Après comparaison avec un essai réel de mise en forme réalisé sur le même type d'étoffe, nous constatons que les deux valeurs limites correspondent approximativement à la valeur optimale de la température de thermofixation. Pour ce qui concerne le paramètre temps, les essais ont montré que sa variation n'a pas beaucoup d'influence sur l'évolution de l'énergie de déformation et également sur le retrait. Donc, pour choisir le couple optimal (temps-température), on prend une valeur moyenne de 50 s de maintien et en se basant sur cette valeur, on détermine la valeur de la température optimale par l'une des deux approches.

La deuxième compagne d'essais concernait la caractérisation mécanique en déformation uniaxiale, biaxiale et tridimensionnelle. Nous avons pu tester l'influence du type du liage sur le comportement en traction uniaxiale et biaxiale. Les essais ont montré que les étoffes tissées ont évidement moins d'aptitude à la déformation par rapport à quelques types d'étoffes tricotées. En effet, une étoffe en jersey rectiligne se déforme plus qu'une étoffe tissée pour une même force appliquée. Cela revient à la différence au niveau de la géométrie de la maille qui a plus de capacité en déformation dans le cas d'une étoffe en jersey. Nous avons également testé l'influence de la composition de l'étoffe en élasthanne, nous avons pu constaté que plus le pourcentage augmente plus l'étoffe gagne en capacité de déformation. L'élasthanne fait diminuer l'énergie fournie par la déformation et lui offre plus d'aptitude à se déformer.

Au niveau de la traction biaxiale, nous pouvons retenir l'effet de l'interaction entre les deux directions principales de l'étoffe. En effet, en sollicitation biaxiale, on remarque que la déformation à la rupture et plus faible par rapport à une sollicitation uniaxiale. Ceci revient à la rigidité acquise par l'ondulation des fils de l'étoffe. Dans cas uniaxial, l'ondulation des fils sollicités disparaît facilement et augmente pour l'autre direction des fils non sollicités. Par contre, pour le cas biaxial, chaque direction exerce un effort supplémentaire sur l'autre pour diminuer l'ondulation ce qui engendre des contraintes de plus.

Pour caractériser le comportement de l'étoffe en sollicitation complexe, nous avons traité l'exemple de mise en forme à froid et à chaud. Ces essais ont montré qu'une étoffe à chaud se déforme plus qu'une étoffe à froid et par ce fait elle nécessite moins d'énergie. En effet, avec la chaleur les molécules constituant les fibres se déforment plus facilement, ainsi l'étoffe devient plus moue et moins résistante aux sollicitations.

La deuxième partie de cette étude a été consacrée à la modélisation numérique du comportement des étoffes en traction uniaxiale et biaxiale. L'objectif de cette étude et de prédire par des simulations numériques l'aptitude à la déformation dans le cas de sollicitation simple et complexe. Les simulations permettent également de donner une idée sur la faisabilité des procédés de mise en forme avec des géométries complexes. Dans le cadre de cette modélisation, deux approches ont été prises en compte. La première est basée sur une approche mésoscopique où l'étoffe est discrétisée par des éléments finis mixte de type membrane et barre. La deuxième approche est basée sur une modélisation à l'échelle du fil. Elle consiste à développer un élément fini spécifique. Chaque élément est caractérisé par un nombre de fils spécifique à chaque direction.

Pour la première approche, nous avons considéré des modèles de comportement non linéaires hyperélastiques de type Ogden pour les éléments finis de barre qui représentent les principaux fils de l'étoffe et un modèle élastique pour les éléments finis de membrane. Pour l'identification des paramètres des modèles de comportement, nous nous sommes basés sur une méthode d'identification par approche inverse par rapport à la réponse globale. Avec cette méthode on arrive à approcher le comportement de l'étoffe en traction uniaxiale avec le modèle élastique non linéaire. Avec les modèles d'Ogden d'ordre 1 et 2, l'erreur entre la courbe expérimentale et numérique est plus grande. Pour prendre en considération d'autres paramètres physiques, nous avons identifié les paramètres de comportement mécanique sur un essai de traction biaxiale. Avec cet essai la différence entre les courbes numérique et expérimentale est considérable et les deux réponses ne sont pas cohérentes. Pour remédier à cette différence, il est nécessaire de prendre en compte l'effet d'interaction entre les deux directions principales. Cependant avec la discrétisation par éléments finis choisie, il est impossible de coupler les déformations des deux directions puisque les éléments finis de barre sont fixés entre eux au niveau des nœuds.

En se basant sur cette approche, nous avons étudié des simulations de mise en forme pour l'emboutissage d'une étoffe pour une forme hémisphérique, pour un support de boite carrée et pour support d'une bouteille. Pour mener au bout les calculs de mise en forme, nous avons adopté une procédure de remaillage adaptatif. Cette procédure permet d'adapter la taille des éléments aux courbures de forme souhaitée. La simulation permet de juger en fonction de l'état de contrainte si l'étoffe possède l'aptitude à la déformation souhaitée. De même les plis générés sur la forme finale de l'étoffe permettent d'estimer si la forme souhaitée est faisable ou non. En plus de l'effet bénéfique sur le calcul numérique, la procédure de remaillage adaptatif a permis à la pièce emboutie de bien épouser les formes géométriques des outils.

La deuxième approche adoptée dans cette étude, consistait à intégrer sur la plate forme de ABAQUS/implicit un élément fini spécifique aux étoffes pour tenir compte de l'effet biaxial et de l'interaction entre les fils des deux directions de l'étoffe. Deux modèles de comportement ont été testés, le premier est de type uniaxial sans couplage entre les deux directions de l'étoffe et le deuxième est de type biaxial et tient compte de l'interaction entre les fils de chaîne et de trame. L'identification, par approche inverse, du modèle uniaxial sur un essai de traction uniaxiale. Le premier modèle a été identifié sur un essai de traction uniaxiale et biaxiale. La première identification a présenté des résultats qui ne sont pas trop cohérents avec l'expérience au niveau de la réponse globale et également au niveau de la géométrie de la configuration finale. En ajoutant le terme d'interaction entre les deux directions, la forme géométrique de la configuration finale ressemble plus à la forme obtenue au cours d'un essai expérimentale. Cependant, puisque l'allongement est nul dans la direction orthogonale à la direction de chargement, l'ajout du terme d'interaction n'a pas influencé les réponses globales des chaînes et des trames. Pour mieux définir les paramètres du modèle biaxial, nous avons étudié l'identification de ces paramètres sur un essai de traction biaxiale qui présente bien un effet d'interaction entre les fils de chaîne et de trame. Le résultat obtenu après identification par approche inverse à parmi d'avoir des réponses globales proches de l'expérience avec une bonne estimation de la forme géométrique de l'éprouvette déformée.

Pour la prédiction de la capacité de déformation tridimensionnelle de l'étoffe, nous avons simulé des exemples de mise en forme par outil hémisphérique et carré. Des problématiques ont été rencontrées lors de la simulation. En effet, la définition de la surface de l'étoffe par des nœuds et l'utilisation du schéma d'intégration implicite représente une source de non linéarité qui complique la résolution du modèle numérique. Pour remédier au problème de définition de la surface de l'étoffe, nous avons superposé des éléments finis de membrane, ayant une faible rigidité, aux éléments finis UEL.

Cependant, les problèmes de convergence persistent et nous n'avons pas pu mener au

179

bout les calculs numériques qui ont divergé avant la fin du calcul. Les non linéarités géométriques introduites par le contact et le choix de l'analyse implicite représentent les principales sources de non convergence. Même pour l'analyse dynamique avec le schéma d'intégration semi-implicite a présenté les mêmes problématiques. A partir de résultat obtenus par simulation de mise en forme, il est difficile de prédire la capacité de déformation de l'étoffe et de juger si l'étoffe puisse supporter un chargement donné.

Comme perspectives, il serait intéressant d'envisager une étude expérimentale et numérique pour étudier le comportement thermomécanique des étoffes et l'influence des matériaux utilisés sur l'état de l'étoffe. Cette étude expérimentale, pourrait être suivie d'une modélisation numérique qui prend en considération l'effet thermique vis-à-vis des sollicitations mécaniques.

Pour les problèmes de convergence, nous pouvons envisager l'intégration d'une loi de frottement spécifique dans le but d'éviter les problèmes liés au contact entre les outils et l'étoffe. Dans ce même contexte, si les problèmes de convergence persistent, il sera plus rentable d'adopter un autre solveur qui offre plus de choix au niveau des schémas d'intégration. En effet, le schéma explicite est facile à résoudre surtout avec des problèmes de contact mais son inconvénient reste bien sûr la stabilité de la solution numérique.

Au niveau comportement mécanique, nous avons pu remarquer que l'identification des paramètres dépend du mode de chargement. Pour atténuer cette dépendance, nous pouvons envisager d'établir une loi de comportement plus riche qui peut tenir compte d'autres phénomènes physique et géométrique.

Concernant les étoffes tricotées ou même les étoffes tissées, nous pensons que chaque type de liage (jersey, tulle, ..) peut constituer en lui-même une catégorie. La prise en compte de la forme géométrique de la maille peut constituer un apport considérable dans la prédiction des caractéristiques mécanique de l'étoffe. Nous pouvons donc envisager d'enrichir la loi de comportement pour tenir compte de l'effet de la géométrie des mailles de l'étoffe.

Références bibliographiques

[Abaqus 06]   Theory Manual, Version 6.5, Hibbit, Karson & Sorensen, Inc., 2006.

[Ainsworth 97]   M. Ainsworth, J. T Oden, *A posteriori error estimation in finite element analysis.* Computer Methods in Applied Mechanics and Engineering. Vol. 142, pp.1-88, 1997.

[Babuška 78]   I. Babuška, W. C. Rheinbildt, *A posteriori error estimates for the finite element method* . International Journal For Numerical Methods In Engineering, Vol. 12, pp. 1597-1615, 1978.

[Babuška 92]   I. Babuška, L. Plank and R. Rodriguez, *Quality assessment of a posteriori error Estimation in finite elements.* Finite Elements in Analysis and Design, Vol.11, pp.285-306, 1992.

[Bachmann 06]   J.M. Bachmann, et al. *Caractérisation et modélisation mécanique de la capacité de déformation à l'emboutissage des structures souples*, Rapport de fin d'étude, Convention Etat 02 450 016, FEDER 2003 1840 et Arrêté Conseil Régional E 2002 09 187.

[Bailleul 96]   J.L. Bailleul, G. Guyonvarch, B. Garnier, Y. Jarny, D. Delaunay, *Indentification des propriétés thermiques de composites fibres de verre/résines thermodurcissable.* Revue générale de thermique, 1996, vol. 35, p.65-77.

[Beck 98]   J. V. Beck, K. A. Woodbury, *Inverse problems and parameter estimation : integration of measurements and analysis*, Measurement Science and Technology , 9 (1998) 839-847.

[Ben Naceur 03] I. Ben Naceur, H. Borouchaki, A. Cherouat et J. M. Bachmann, *Caractérisation et modélisation de l'aptitude à la déformation des structures souples*, Revue des Composites et des Matériaux Avancés, vol. 13 (3), p. 231-240, 2003.

[Ben Naceur 05] I. Ben Naceur, A. Cherouat, H. Borouchaki, J.M. Bachmann, *Modélisation mécanique et numérique de la mise en forme de structures souples avec remaillage adaptatif*, Mécanique & Industrie, vol.6 (3), p. 321-329, 2005.

[Billoët 99] J.L. Billoët & A. Cherouat, *Numerical behaviour of prepreg woven fabric for the simulation of shaping deformation*, Proceeding of Numesheet'99, The 4th Int. Conf. and Workshop on Numerical Simulation of 3D sheet Forming Processes, Vol 1, pp 567-572, Besançon France 1999.

[Billoët 00a] J.L. Billoët & A. Cherouat, *Une formulation numérique pour la caractérisation de la déformation des tissus composites par mise en forme*, Revue Européenne des Eléments Finis, vol. 9 (5), p. 561-590, 2000.

[Billoët 00b] J.L. Billoët & A. Cherouat, *New numerical model of composite fabric behaviour : simulation of manufacturing of thin composite*, Advanced Composites Latter, vol. 9 (3), p. 167-179, 2000.

[Blanlot 93] R. Blanlot, J.L. Billoët & G. Gachon, *Modélisation du comportement mécanique non linéaire de tissus préimprégnés en phase non-polymérisée*, Actes du 11ème Congrès Français de Mécanique, 1993, Vol 4, pp. 125-128.

[Boisse 94] P. Boisse, A. Cherouat, J.C. Gelin. & H. Sabhi, *Fabrication de structures composites par le procédé RTM simulation numérique de l'opération d'emboutissage*; JNC9 1994 Vol 1, pp. 95-104.

[Boisse 95] P. Boisse, A. Cherouat, J.C. Gelin & M. Borr, *3D numerical simulations of glass fiber fabric deep-drawing*, Composite Engineering, vol. 12 (4), p. 342-359, 1995.

[Boisse 96] P. Boisse, M. Borr, *Etude expérimentale du comportement mécanique biaxial des tissues*. Comptes Rendus de l'Académie des Sciences - Series II b – Mécanique des solides et des structures, 1996, vol. 323, p.503-509.

[Boisse 01a] P. Boisse, K. Buet, A. Gasser, J. Launay, *Meso/macro-mechanical behaviour of textile reinforcements for thin composites*. Composites Science and Technology, 2001, vol. 61, 3, p.395-401.

[Boisse 01b] P. Boisse, A. Gasser, G. Hivet, *Analysis of fabric tensile behaviour: determination of the biaxial tension-strain surfaces and their use in forming simulations*. Composites: Part A: Applied Science and Manufacturing, 2001, vol. 32, issue 10, p.1395-1414.

[Boisse 05]   P. Boisse, B. Zouari, F. Dumont, A. Gasser, *Assemblage de fibres par tissage : analyse et simulation du comportement mécanique*, Mécanique et Industrie, 6, 65-74, 2005.

[Borouchaki 02]   H. Borouchaki, A. Cherouat, P. Laug, K. Saanouni, *Adaptative meshing for ductile fracture prediction in metal forming*. Comptes Rendus Mecanique, 2002, vol. 330, issue 10, p.709-716.

[Borouchaki 03]   H. Borouchaki, et A. Cherouat. *Drapage géométrique des composites*. Comptes rendus mécanique, 2003, vol 331, p.437-442.

[Borr 95]   M. Borr, A. Cherouat, J.C. Gelin, *Modelling large biaxial deformation of glass fibres fabrics and application to shaping processes*, Euromech Symposium 334, Lyon France, 1995, pp. 129-139.

[Boubaker 03]   B. Ben Boubaker, B. Haussy, J.F. Ganghoffer, *Un modèle discret du couplage entre les fils dans une structure tissée*. Comptes rendus mécanique, 2003, vol. 331, p.295-302.

[Bozec 00]   Y. Le Bozec, et al. *The thermal-expansion behaviour of hot-compacted polypropylen and polyethylene composites*. Composites Science and Technology, 2000, vol. 60, issue 3, p.333-344.

[Cherouat 94]   A. Cherouat. *Simulation numérique du préformage des tissus de fibres de verre parla méthode des éléments finis Texte imprimé*. Thèse de doctorat, Université de Franche-Comté, Besançon 1994.

[Cherouat 95]   A. Cherouat, J.C. Gelin, P. Boisse & H. Sabhi, *Modelling the glass fiber fabrics process by the finite element method*; European Journal of Finite Elements, vol. 4 (2), p. 195-182, 1995.

[Cherouat 00]   A. Cherouat & J.L. Billoët, *Finite element model for the simulation of pre-impregnated woven fabric by deep-drawing and laying-up processes*, J. of Advanced Material, vol. 32 (4), p. 42-53, 2000.

[Cherouat 01]   A. Cherouat, J.L. Billoët, *Mechanical and numerical modelling of composite manufacturing processes deep-drawing and laying-up of thin pre-impregnated woven fabric*. Journal of materials processing technology, 2001, vol. 118, p.460-471.

[Cherouat 05]   A. Cherouat, H. Borouchaki & J.L. Billoët, *Geometrical and mechanical draping of composite fabric*, European Journal of Computational Mechanics, vol. 14 - n° 6-7, p. 693-707, 2005.

[Chiang 04]   Leo H. Chiang, et al. *Genetic algorithms combined with discriminant analysis for key variable identification*. Journal of process control, 2004, vol. 14, p.143-155.

[Choi 2003]   K.F. Choi, T.Y. Lo, *A energy model of plain knitted Fabric*. Institute of textile & clothing the Hong Kong Polytechnic University, Hung Hom, Kowloon, Hong Kong, 2003, p.739-748.

[Cho 02]   J.W. Cho, D.Y. Yang, *A mesh refinement scheme for sheet metal forming analysis*, Proc. of the 5th International Conference, NUMISHEET02, 2002, pp. 307–312.

[Coorevits 96]   P. Coorevits, J.P. Dumeau, J.P. Pelle, *Analyses éléments finis adaptatives pour les structures tridimensionnelles en élasticité*, Revue Européenne des Éléments Finis 5 (3) (1996) 341–373.

[Coorevits 04]   P. Coorevits, E. Bellenger, *Alternative mesh optimality criteria for hadaptive finite element method*. Finite Elements in Analysis and Design, Elsevier. Vol. 40, pp. 2195-1215, 2004.

[Coupez 00]   T. Coupez, *Génération de maillage et adaptation de maillage par optimisation locale*, Revue Européenne des Éléments Finis 9 (4) (2000) 403–422.

[Dabrowski 00]   F. Dabrowski, et al. *Kinetic modelling of the thermal degradation of polyamide-6 nanocomposite*. European Polymer Journal, 2000, vol 36, issue 2, p.273-284.

[Dong 00]   L., Dong, et al. *Solid-mechanics finite element simulation of the draping of fabrics: a sensitivity analysis*. Composites, part A: applied science and manufacturing, 2000, vol. 31, p.639-652.

[Djokovic98]   D. Djokovic, *Splines for approximating solutions of partial differential equations*, Ph.D. Thesis, University of Twente, Enschede, ISBN 90-36510511, 1998

[Drake 96]   R. Drake, V.S. Manoranjan, *A method of dynamic mesh adaptation*, Int. J. Num. Meth. Eng., vol. 39, p. 939-949, 1996

[Dowaikh 00]   M.A. Dowaikh, *Surface waves propagating in a half-space of neo-Hookean elastic material subject to pure homogeneous strain*. International Journal of Non-Linear Mechanics, 2000, vol. 35, issue 2, p.211-216.

[Fourment 94]   L. Fourment, J.L. Chenot, *Adaptive remeshing and error control for forming processes*, Rev. Euro. Élém. Finis 3 (2) (1994) 247–279.

[Fourne 99]   Fourne. *Synthetic fibers, machine and equipment manufacture, properties*. Hanser Publishers 1999, 930p. ISBN 3-446-16072-8

[Fourment 95]   L. Fourment & J. L. Chenot, Error estimators for viscoplastic materials : Application to forming processes. Engineering Computations, Vol. 12, pp. 469-490, 1995.

[Forostier 04]   R. Forostier, *Développement d'une méthode d'identification de paramètres par analyse inverse couplée avec un modèle éléments finis 3D*. Thèse Mécanique Numérique, CEMEF, Mines de Paris, 2004.

[Gavrus 99]   A. Gavrus, E. Massoni, J.L. Chenot, *The rheological parameter identification formulated as an inverse finite element problem,* Inverse Problems in Engineering, 7 (1999) 1-41.

[Giraud 02]   L. Giraud-Moreau, et al. *Comparison of evolutionary algorithms for mechanical design components.* Engineering optimisation, 2002, vol. 34, p.307-322.

[Giraud 05]   L. Giraud-Moreau, H. Borouchaki et A. Cherouat, *Remaillage adaptatif pour la mise en forme des tôles minces,* C.R. Acad. Sci. Paris, Série II B, Mécanique des Solides et des Structures, vol. 333 (4), p. 371-378, 2005.

[Gommers 96]   B. Gommers, et al. *Modelling the elastic properties of knitted fabric-reinforced composites.* Composites science and technology, 1996, vol. 56, p.685-694.

[Hagège 04]   B. Hagège, *Simulation du comportement mécanique des milieux fibreux en grandes transformations : application aux renforts tricotés,* thèse de l'ENSAM, 2004.

[Hofstee 00]   J. Hofstee, et al. *Elastic stiffness analysis of thermo-formed plain-weave fabric composite, Part I: geometry.* Composites Science and Technology, 2000, vol. 60, issue 8, p.1041-1053.

[Huerta 98]   A. Huerta, P. Díez, A. Rodriguez-Ferran, *Adaptivity and error estimation,* Proceedings of the 6th International Conference on Numerical Methods in Industrial Forming Processes, J. Huétink & F.P.T. Baaijens (eds.), Balkema, Rotterdam, p. 63-74, 1998

[Hu 00]   J. Hu. *Structure and mechanics of woven fabrics.* The textile institute, Combridge England: Woodhead Publishing 2000. 307 p. ISBN 0-84932826-8

[Jansson 02]   J. Jansson, et al. *A discrete mechanics model for deformable bodies.* Computer-Aided Design, 2002, vol. 34, p.913-928.

[Kawabata 73]   S. Kawabata, et al. *The finite deformation theory of plain weave fabrics Part II: the uniaxial deformation theory.* The textile institute and contributors, 1973, vol. 64, issue 2, p.47-61.

[Kawabata 73]   S. Kawabata. *Characterization Method of the Physical Property of Fabrics and the Measuring System for Hand-- feeling Evaluation.* J. Textile Mach. Soc. Japan, 1973, vol. 26, issue 10, p.721-728.

[Ladevèze 96]   P. Ladevèze, E. A. W. Maunder, *A general method for recovering equilibrating element tractions.* Computer Methods in Applied Mechanics and Engineering. Vol. 137, pp.111-151, 1996.

[Ladevèze 00]   P. Ladevèze, *Constitutive relation error estimators for time dependent non-Linear FE analysis.* Computer Methods in Applied Mechanics and Engineering. Vol. 188, pp.775-788, 2000.

Références bibliographiques

[Ladevèze 01]   P. Ladevèze et J. P. Pelle, *La maîtrise du calcul en mécanique linéaire et non-linéaire : erreurs a posteriori et contrôle adaptatif des paramètres*. Hermès, 2001.

[Li 96]   Y. Li, I. Babuška, *A convergence analysis of a p-version finite element method for one-dimensional elastoplasticity problem with constitutive laws based on the gauge function method*, J. Num. Anal., vol. 33, no. 2, p. 809-842, 1996

[Lim 99]   T. Lim, et al. *Optimization of the formability of knitted fabric composite sheet by means of combined deep drawing and stretch forming*. J. of Materials Processing Technology, 1999, vol. 89-90, p.99-103.

[Long 95]   A.C. Long, C.D. Rudd, M. Blagdon, K.N. Kendall & M.Y. Demeri *Deformation mechanics of engineered fabrics during prefom manufacture*, Proceeding of ICCM-10, Whisler, B.C, Canada, Vol III, 1995, pp. 205-212.

[Luo 02]   Y. Luo, et al. *Biaxial tension and ultimate deformation of knitted fabric reinforcements*. Composite:, part A: applied science and manufacturing, 2002, vol. 33, p.197-203.

[Milani 04]   A.S. Milani, et al. *A intelligent inverse method for characterization of textile reinforced thermoplastic constitutive model*. Composites science and technology, 2004, vol. 64, p.1565-1576.

[Magno 01]   M. Magno, et al. *Un modèle mésoscopique en grandes perturbations de matériaux textiles-application à l'armure toile*. Comptes Rendus de l'Académie des Sciences - Series IIB - Mechanics, 2001, vol. 329, issue 2, p.149-152.

[Magno 02]   M. Magno, et al. *A mesoscopic wave model for textile materials in large deformation*. Composite structure, 2002, vol. 57, p.367-371.

[Mohammed 00]   U. Mohamed, et al. *Experimental studies and analysis of the draping of woven fabrics*. Composites part A:applied science and manufacturing, 2000, vol. 31, p.1409-1420.

[NF 13934-1 99]   Norme Européenne. *Propriétés des étoffes en traction*. NF EN ISO 13934-1, indice de classement G 07-129-1 1999.

[NF 5084 96]   Norme Européenne. *Détermination de l'épaisseur des textiles et des produits textiles*. NF EN ISO 5084, indice de classe G07-153 1996.

[Nocent 01]   Nocent, Olivier. *Animation dynamique de corps déformables continus : application à la simulation de textiles tricotés*. Thèse de doctorat de l'université de Reims Champagne-Ardenne décembre 2001.

[Nouatin 00]   O.H. Nouatin, *Méthode et analyse de simulation numérique d'écoulements 3D des polymères fondus- Identification de paramètres rhéologiques viscoélastiques par analyse inverse.* Thèse de doctorat de l'Ecole de Mines de Paris, 2000.

[Olofsson 64]   B. Olofsson. *A general model of a fabric as a geometric – mechanical structure.* Journal of textile institute, 1964, vol. 11, pp

[Olofsson 65]   B. Olofsson. *Model studies of relationships between geometry, finite structure and mechanical properties of worsted fabrics.* Proceeding international wool textile researches, Paris 1965, tome 4, p.439-447.

[Pan 96]   N. Pan. *Analysis of woven fabric strengths: prediction of fabric strength under uniaxial and biaxial extensions.* Composites Science and Technology, 1996, vol. 56, Issue 3, p.311-327.

[Peirce 37]   F.T. Pierce. *The geometry of cloth structure,* Journal of textile institute, 1937, vol 28, p.45-96

[Peng 02]   X. Peng, et al. *A dual homogenization and finite element approach for characterization of textile composites.* Composite, part B: engineering, 2002, vol. 33, p.45-56.

[Piccirelli 96]   N. Piccirelli, et al. *Module élastique effectif d'un tissu en traction.* Comptes rendus de l'académie des sciences de Paris, 1996, vol. 323, p.585-592.

[Potluri 03]   P. Potluri, et al *Geometrical modelling and control of triaxial braiding machine for producing 3D performs.* Composites: Part A: applied science and manufacturing, 2003, vol. 34, issue 6, p.481-492.

[Rassineux 97]   A. Rassineux, 3D mesh adaptation. *Optimization of tetrahedral meshes by advancing front technique.* Computer Methods in Applied Mechanics and Engineering. Vol. 141, pp.335-354, 1997.

[Realff 93]   M.L. Realff, et al. *A Micromechanical approach to modelling tensile behaviour of woven fabrics.* Use of plastics and plastic composites: Materials and mechanics issues, 1993, vol. 43, p.285-294.

[Rozant 00]   O. Rozant, et al. *Drapability of dry textile fabrics for stampable thermoplastic performs.* Composites, part A: applied science and manufacturing, 2000, vol. 31, p.1167-1177.

[Ruan 96]   X. Ruan, et al. *Experimental and theortical studies of the elastic behaviour of knitted- fabric composites.* Composites Science and Technology, 1996, vol. 56, p.1391-1403.

[Sabhi 93]   H. Sabhi, *Etude expérimentale et modélisation mécanique et numérique du comportement des tissus de fibres de verre lors de leur préfor*mage, Thèse de doctorat de l'Université de Franche-Comté, 1993.

[Sadiq 99]	Sait, M. Sadiq, et al. *Iterative computer algorithms with applications in engineering : solving combinatorial optimization problems.* Los Alamitos, Calif. : IEEE Computer Society, cop. 1999. 387p. ISBN 0-7695-0100-1.
[Saville 99]	B.P. Saville. *Physical Testing of Textiles.* University of Huddersfield, United Kingdom : Woodhead Publishing 1999. 336 p. ISBN 1-85573-367-6.
[Sidhu 01]	R.M.J.S. Sidhu, et al. *Finite element analysis of textile composite perform stamping.* Composite structures, 2001, vol. 52, issues 3-4, p.483-497.
[Tang 02]	Z.X. Tang, et al. *Mechanics of three-dimensional braided structures for composite materials – part III: non-linear finite element deformation analysis.* Composite structures, 2002, vol. 55, p.307-317.
[Tarfaoui 01]	M. Tarfaoui, et al. *A finite element model of mechanical properties of plain of weave.* Colloids and surfaces A: Physicochemical and Engineering Aspects, 2001, vol. 187-188, p.439-448.
[Teng 99]	J.G. Teng, et al. *A finite-volume method for deformation analysis of woven fabrics.* International journal for numerical methods in engineering, 1999, vol. 46, p.2061-2098.
[Van De Ween 91]	Van De Ween F., *Algorithms for draping fabrics on doubly curved surfaces*, Int. J. Num. Meth. Engineering, 1991, N° 31, pp. 1415-1426.
[Warby 03]	M.K. Warby, et al. *Finite element simulation of thermoforming processes for polymer sheets.* Mathematics and computers in simulation, 2003, vol. 61, p.209-218.
[Xue 02]	P. Xue, et al. *Tensile properties and meso-scale mechanism of weft knitted textile composite for energy absorption.* Composite, part A: applied science and manufacturing, 2002, vol. 33, p.113-123.
[Xue 03]	P. Xue, et al. *A non-orthogonal constitutive model for characterizing woven composites.* Composite, part A: applied science and manufacturing, 2003, vol. 34, p.183-193.
[Ye 97]	L. Ye, et al. *Characteristics of woven fibre fabric reinforced composites in forming process.* Composites Part A, 1997, vol. 28, p.869-874.
[Z-mat 00]	Z-mat Version 8.2 Northwest Numerics and Modeling .Inc 1998-2000
[Zhang 00]	Y.T. Zhang et al. *A micromechanical model of woven fabric and its application to the analysis of buckling under uniaxial tension: Part*

1: The micromechanical model. International Journal of Engineering Science, 2000, Vol. 38, Issue 17, p.1895-1906

[Zienkiewicz 87] O.C. Zienkiewicz and J. Z. Zhu, *A simple error estimator and adaptive procedure for practical engineering analysis*, *International Journal For Numerical Methods In Engineering,* Vol. 24, pp. 337-357, 1987.

[Zienkiewicz 91] O.C. Zienkiewicz, J.Z. Zhu, *Adaptivity and mesh generation*, Int. J. Numer. Methods Engrg. 32 (1991) 783–810